CONTENTS

PATCH WORK 拼布教室
Winter Edition 2022-2023
no.29

冬天宅在家最令人期待的事情，還是手作最有趣！可以埋首於拼接布片的六角形拼布，無論是排列布片思考花樣的時間，或是連續運針縫製的時間，都是無比幸福的時光。以零碼布片或衣服再利用製作的小物，面對充滿回憶的衣服，也能讓人心無旁鶩地縫製讓人更想花時間製作的「重製拼布」，試著製作一件小小的壁飾吧！本期滿載了新年裝飾用的居家擺飾、當作贈禮也相當討喜的入園入學用品，以及春天攜帶的手作包等，內容豐富實用可期。擬定好作品製作的計畫，新的一年也要挑戰縫製出各式各樣的拼布！

隨書附贈 原寸紙型＆拼布圖案

U0086784

最終回

花朵貼布縫的
月刊拼布 ④

從春季號一路連載至今的月刊拼布終於完成了！
敬請欣賞耗費了一年時間，精心縫製完成的花朵貼布縫壁飾作品吧！

原 浩美

①

對稱設計的花朵綻放拼布「北歐花畑」

將9片花朵圖案以粉紅色的扇形飾邊組合而成。飾邊也以貼布縫
裝飾大量的花朵，呈現華麗感。掛在牆上，彷彿展開一片柔和色
調的花園。

設計・製作／原 浩美　　製作協力／大谷聖子
105cm×105cm　作法P.78　※因為是連載作品，原寸圖案僅刊載
飾邊部分。

於貼布縫的邊緣進行落針壓線，
使圖案看起來蓬鬆飽滿。

角落處以貼布縫裝飾了
大型蝴蝶結綁紮的花束。
搭配小花的刺繡，呈現
律動感。
於滾邊的邊緣，裝飾飾
邊帶，用以強調扇形的
曲線線條。

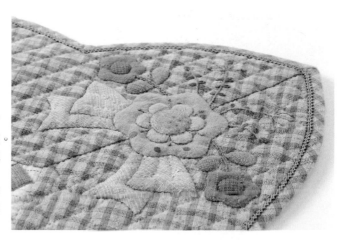

沿著飾邊的扇形線條點綴上去的貼布縫，
則是將3種花朵組合在一起。

3

攝影／藤田律子（P.20下圖）山本和正
插圖／木村榆子

心花開的手作日好
六角形花樣拼布特集

本單元將介紹拼布人最愛的六角形拼接圖案。
以其本身豐富多變的配置及配色而吸引眾人目光的
壁飾、手提袋、波奇包小物。
請參閱P.45的縫法解說搭配製作。

「祖母花園」
花樣拼接

2

3

使用和服布料完成的
壁飾，以帶有光澤的
淺駝色底布，襯托色
彩繽紛花樣的美麗作
品。飾邊上的花朵壓
線則以白玉拼布呈現
立體感。地毯則是將
布片加大，活用大花
紋的花朵圖案，於花
樣之中進行環狀花樣
的壓線。

4

壁飾 設計・製作／大塚登美子　151×135cm　作法P.75
地毯 設計／熊谷和子　製作／菅戶ヨミ　61×108cm　作法P.5

呈現繁花燦爛盛開之意象的
壁飾。於無縫拼接的花樣之
間，隨處插入1片六角形的布
片，並於進行拼接的土台布
上進行貼布縫。彷彿花瓣飛
舞般，使六角形布片鑲嵌的
設計，顯得格外唯美動人。

設計・製作／佐佐木祐子
88×69.5㎝　作法P.68

---

③ **地毯**

材料
各式拼接用布片　E、F用布110×70
cm（包含布片、滾邊部分）　鋪棉、胚
布各70×120㎝

作法順序
拼接布片A之後，製作8片花樣→與布
片A至D接縫，並於周圍接縫上布片E
與F，製作表布→疊放上鋪棉與胚布
之後，進行壓線→將周圍進行滾邊
（參照P.66）。

※布片A至D、F原寸紙型B面⑧。

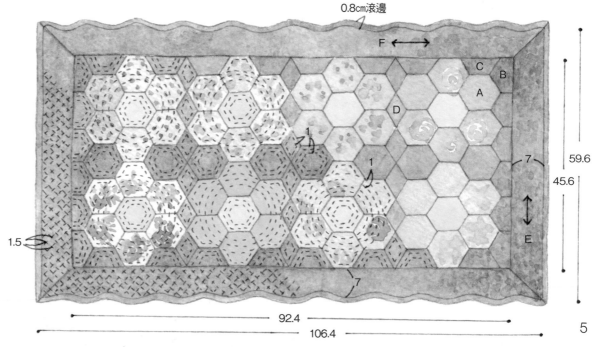

0.8cm滾邊

F ↔

C
B
A

D

1

1

7

7

59.6

45.6

E

1.5

92.4

106.4

5

以藍色為基調進行配色的壁飾，是參考外文書籍，將花樣拼接成縱長形，編排成帶狀，於花樣上添加葉子，將花束般的花朵裝飾以貼布縫縫於四個角落。抱枕則是將中心配置成黃色的同一塊布，並以色調一致的圖案布，進行華麗風格的配色。

壁飾　設計‧製作／森田睦子
（指導／賀来陽子）
102.5×103.5cm

抱枕　設計／岩崎美由紀
製作／松寸厚子
45×45cm
作法P.69

⑤

⑥

6

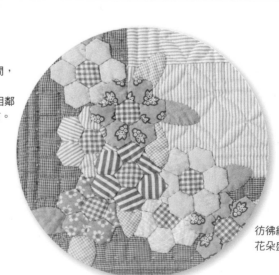

於花樣的帶狀布與帶狀布之間，拼接了六角形與菱形的布片。為確實呈現花樣的形狀，將相鄰的六角形布片配置成白色素布。

於縱向拼接的花樣之間添加的六角形布片，選用淺色系的灰色印花布。

彷彿繡球花般的花朵盛開了！

使8片花樣排列成環狀，進而拼接，表現出如同花冠般的設計。
主要使用粉紅色系的花朵圖案，中心處「祖母花園」花樣則是以
蕾絲布料進行配色。

設計・製作／森山久美子　180×150cm　作法P.70

已接縫蕾絲布料的花樣

於花樣的中心進行圓形壓線，於外
側6片布片上進行花瓣形狀的壓
線，並進行白玉拼布，使其呈現蓬
鬆飽滿的狀態。

沿著壓線花樣，運用穿入毛線的白玉拼布
呈現蓬鬆飽滿的模樣。台布、緣飾也以相
同方法施以素壓。

將花樣的周圍圍繞1圈，並將以菱形與三角
形布片接縫而成的表布，以貼布縫縫於大花
格紋布上。於繽紛多彩的花樣搭配藍色及綠
色系的布，營造休閒風的印象。接縫於周圍
六角形布片的緣飾，則成為特色焦點。

設計・製作／津田直子（指導／賀來陽子）

183.5×148cm　作法P.71

8

以綠色的菱形與三角形布片將雙層花樣拼接
而成。隨處配置上2色的色彩運用，添加動
態感。

設計・製作／谷內郁子（指導／藤村洋子）
61.5×61.5cm

9

作法

材料
各式拼接用布片 滾邊用寬5cm斜布條255cm
鋪棉、胚布各65×65cm

作法順序
拼接布片A，並與布片B、C接縫之後，製作表布→疊放上鋪棉與
胚布之後，進行壓線→將周圍進行滾邊（參照P.66）。

原寸紙型

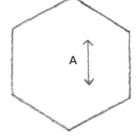

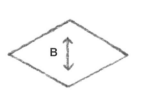

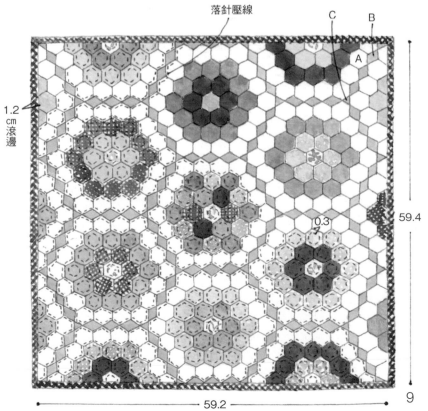

落針壓線

C
B
A

1.2
cm
滾邊

0.3

59.4

59.2

9

以白底印花布的六角形布片，拼接單層花樣
傳統編排設計的壁飾。淺色調的配色就像是
古典拼布的樣子。

設計・製作／小園明子　163×126㎝

⑩

作法

材料

各式A用布片　B、C用布70×140㎝　滾
邊用寬4㎝斜布條590㎝　鋪棉、胚布各
100×230㎝

作法順序

拼接布片A，並與布片B、C接縫之後，
製作表布→疊放上鋪棉與胚布之後，進
行壓線→將周圍進行滾邊（參照
P.66）。

※布片A原寸紙型與P.19的A相同。

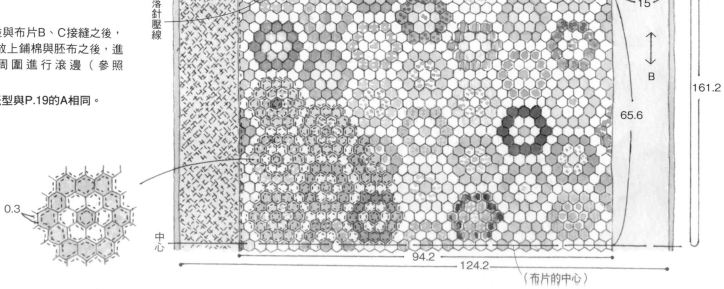

1.5　0.7

0.7
1.5

1㎝滾邊

落針壓線

C　←→　A　　15

15

B

65.6

161.2

0.3

中心

94.2

124.2

（布片的中心）

10

於「祖母花園」花樣的上下側，添加六角形布片描繪菱形花樣，並以六角布片拼接而成。繽紛多彩的鑽石花樣相當美麗。

設計・製作／野口洋子（指導／賀来陽子）
176.5×160.5㎝　作法P.72

利用深色印花布拼接4片菱形區塊，形成一個大大的菱形花樣。

11

非常適合作為寒冷季節裡的家飾，帶有濃厚色調的室內地毯與抱枕。
於白色底布的菱形花樣周圍，圍繞了一圈紅色印花布，藉以強調形
狀。於接縫處與貼布縫的周圍，重點式的裝飾刺繡。

設計・製作／山本輝子
室內地毯 59×86cm　抱枕 40×40cm　作法P.81

布料提供／株式會社moda Japan

抱枕是搭配已拼接花樣，將全體形狀作成變形的八角形。地毯是以6片菱形花樣，描繪出有如星星般的形狀，並像是將其周圍包圍似的排列花樣。

抱枕　設計・製作／伊藤知美　43×43cm　作法P.80
地毯　設計／荒卷明子　製作／片岡宏子　79×131.5cm　作法P.74

使用CENTENARY布料製作的
手提袋

活用斉藤謠子老師監製生產，
有著雅緻花色的印花布。

16

水桶型手提袋

將濃郁豐富色彩的印花布，配置成「祖母花園」的花
樣，並於之間添加亮灰色底的六角形布片，襯托花樣的
醒目。上寬下窄的水桶型更顯時尚。

設計・製作／船本里美（QUILT PARTY）
30.5×37cm　作法P.79

布料提供／双日Fashion株式會社

14

"小單圈" 變身主角！

打造簡約精品質感的
輕珠寶項鍊・耳環・戒指・手鍊

Chainmail Jewelry

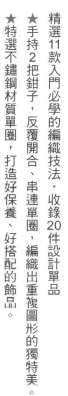

★ 精選11款入門必學的編織技法，收錄20件設計單品。

★ 手持2把鉗子，反覆開合、串連單圈，編織出重複圖形的獨特美。

★ 特選不鏽鋼材質單圈，打造好保養、好搭配的飾品。

★ 以不鏽鋼原色為主，搭配黑色、金色特訂款單圈，定位現代風格的時尚色調。

★ 中性素材，男女款設計皆適用！

★ 除了細緻的女款飾品，特地設計2件男士款手鍊，喜好中性風格的個性女子也OK！

★ 所有技法皆附實作影片示範的QR Coce連結。

不鏽鋼飾覺系・圈鍊編織輕珠寶

瑪琪朵 -Chichi ◎著

平裝／96頁／19×26cm

彩色／定價480元

使用祖母花園的
拼貼印花布製作

僅僅依靠壓線，就能縫製出
有如六角形花樣拼布般的作品。

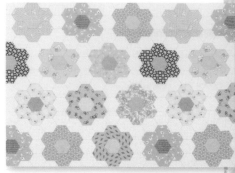

在明暗2色配色
之中，使用亮色
印花布製成。

熊熊布玩偶

將心愛的拼布親手縫製成有
如進行「翻新重製」成布玩
偶的印象。耳朵取褶襉沿著
布片的線條進行壓線。

設計・製作／有岡由利子
體長31㎝　作法P.17

周圍側身型的迷你手提袋

前片是於中心素面區塊的壓
線花樣上進行白玉拼布，使
其呈現蓬鬆飽滿的效果。後
片則配置上一片拼貼印花
布，縫製成能享受雙面樂趣
的設計。

設計・製作／有岡由利子
17×26㎝　作法P.17

布料提供／Textile Pantry（JUNKO
MATSUDA planning株式會社）

材料

布玩偶 拼貼印花布（包含耳朵表布）、後片
用布（包含耳朵裡布）、鋪棉、胚布各40×35
cm 直徑1.2cm鈕釦2顆 25號茶色繡線、手藝
填充棉花各適量

迷你手提袋 A用布20×20cm 拼貼印花布
60×40cm（包含貼邊部分） 裡袋用布
60×30cm 鋪棉、胚布各60×40cm 長30cm提
把1組 直徑1.4cm磁釦1組（手縫型）並太毛線
適量

※原寸紙型B面⑪⑫
B面⑫（布玩偶） B面⑪（迷你手提袋）

布玩偶

1. 於表布疊放上鋪棉與胚布之後，進行壓線。

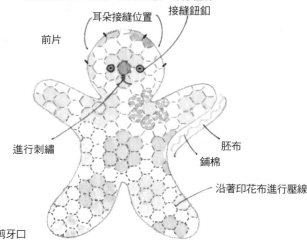

耳朵接縫位置　接縫鈕釦
前片
進行刺繡
沿著印花布進行壓線
胚布
鋪棉

2. 將2片正面相對疊合，預留返口縫合。

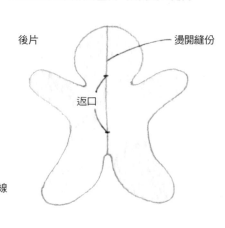

後片　燙開縫份
返口

耳朵

（對稱形各2片）

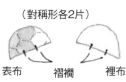

表布　褶襉　裡布

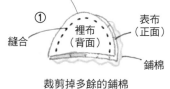

弧線縫份處剪牙口
①
縫合
裡布（背面）
表布（正面）
鋪棉
裁剪掉多餘的鋪棉

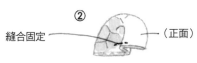

②
縫合固定
（正面）
翻至正面，抓取褶襉。
製作2片。

3. 將前片與後片正面相對縫合。

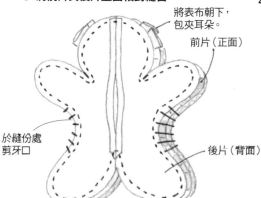

將表布朝下，包夾耳朵。
前片（正面）
於縫份處剪牙口
後片（背面）

4. 翻至正面，塞入棉花後，以捲針縫縫合。

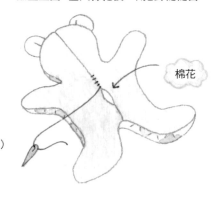

棉花

迷你手提袋

1. 將前片、後片、側身進行壓線（與布玩偶的作法1相同）。

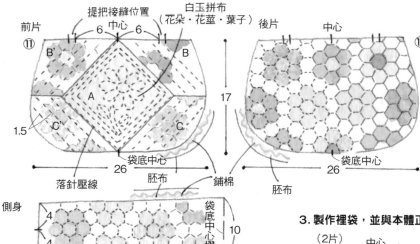

前片
⑪
提把接縫位置
6　中心　6
B'　B
A
C'　C
1.5
17
26
袋底中心
落針壓線
白玉拼布（花朵・花莖・葉子）
後片　中心
⑪
26
袋底中心
胚布
鋪棉
胚布
側身
4
4
沿著印花布進行壓線
27.5
10
袋底中心摺雙

2. 將前片、後片、側身正面相對縫合。

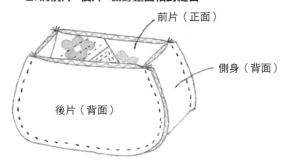

前片（正面）
側身（背面）
後片（背面）

白玉拼布（素壓）的方法

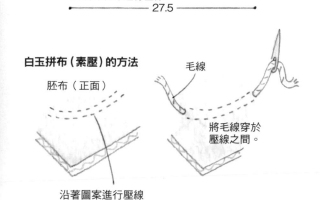

胚布（正面）
毛線
沿著圖案進行壓線
將毛線穿於壓線之間。

3. 製作裡袋，並與本體正面相對疊合後，縫合袋口。

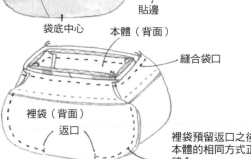

（2片）
中心
貼邊
⑪
3.5
13.5
裡袋
袋底中心
側身
3.5
袋底中心摺雙
24
貼邊
本體（背面）
縫合袋口
裡袋（背面）
返口
裡袋預留返口之後，依照
本體的相同方式正面相對
縫合。

4. 翻至正面，縫合返口，接縫提把。

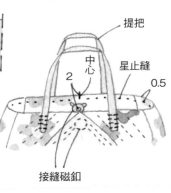

提把
中心
2
星止縫
0.5
接縫磁釦

以紫色及青色為基調，僅使用先染布製作的手提袋。於半圓形的剪接部分與側邊口袋上接縫了花樣蕾絲。

設計・製作／熊谷和子
29.5×27.5㎝　作法P.76

側邊口袋外加較多的袋口寬度，讓物品的取放更加方便。

**以先染布製作的
2款手提袋**

19

20

於「祖母花園」的花樣中心，以刺繡進行裝飾。運用鈕環與鈕釦，使袋口處能確實地被固定。

設計・製作／加藤まさ子
22.5×33cm　作法P.19

鈕環加長後，將中途縫合固定，藉以依據行李的份量，可用來調整鈕環扣上的位置。

後片則接縫內附四合釦的口袋。

18

材料

各式拼接用布片　後片用布110×55cm
（包含側身、口袋、提把、釦環、滾邊部
分）裡袋用布110×45cm 鋪棉、胚布各
90×50cm 厚型接著襯45×10cm 直徑2cm
鈕釦1顆 直徑1.3cm免工具四合釦1組 25號
黃綠色繡線適量

作法重點
・基礎刺繡請參照P.103。
・裡袋是使用與本體相同尺寸的一片布進
　行裁剪。

※前片、後片、口袋原寸紙型B面⑥。

**1. 拼接布片A，並疊放上鋪棉與胚布之後，
進行壓線再刺繡。**

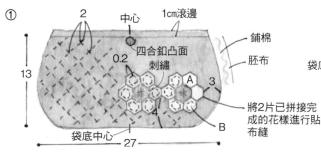

前片
鈕釦接縫位置
中心
直線繡
（取1股線）
鎖鍊繡
（取2股線）
A
0.3
21.5
胚布
鋪棉
袋底中心
27

2. 後片與側身亦以相同方式進行壓線。

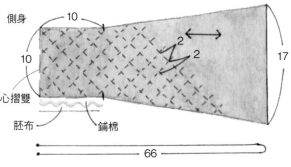

後片
釦環接縫位置
中心
9 四合釦凹面
2 2
鋪棉
胚布
袋底中心
27

3. 製作口袋，疊放於後片上，進行疏縫。

①

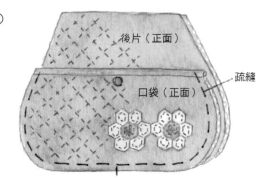

2
中心
1cm滾邊
鋪棉
胚布
0.2
四合釦凸面
刺繡
A 3
4
B
將2片已拼接完
成的花樣進行貼
布縫
13
袋底中心
27

側身
10
2 2
10
17
袋底中心摺雙
胚布 鋪棉
66

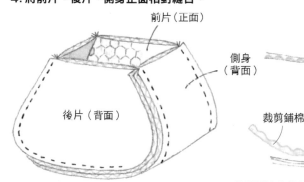

②

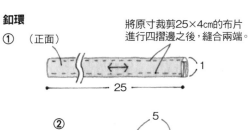

後片（正面）
口袋（正面）
疏縫

4. 將前片、後片、側身正面相對縫合。

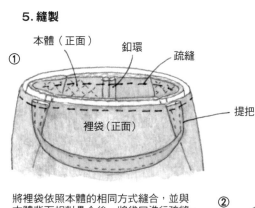

前片（正面）
側身（背面）
後片（背面）
裁剪鋪棉

將前片、後片、側身正面相對疊合後，縫合。

於針趾邊緣裁剪鋪棉，
並將縫份倒向側身，進行藏針縫。

提把

（2片・原寸裁剪）

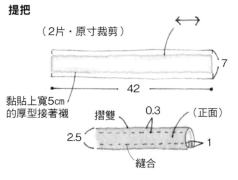

7
42
黏貼上寬5cm
的厚型接著襯
摺雙
0.3
（正面）
2.5
1
縫合

釦環

①（正面）

將原寸裁剪25×4cm的布片
進行四摺邊之後，縫合兩端。

1
25

②

5
縫合固定

5. 縫製

①

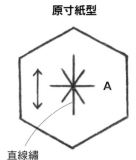

本體（正面）
釦環
疏縫
裡袋（正面）
提把

將裡袋依照本體的相同方式縫合，並與
本體背面相對疊合後，將袋口進行疏縫。
（此時包夾著提把與釦環）

②

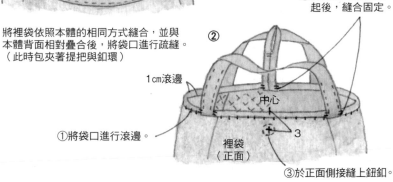

1cm滾邊
中心
裡袋（正面）
3

①將袋口進行滾邊。

②將提把與釦環立
起後，縫合固定。

③於正面側接縫上鈕釦。

原寸紙型

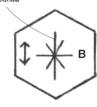

A
直線繡

B

附提把
口金波奇包
以綠色與粉紅色的同色系
進行配色,並以各種花樣
的刺繡進行裝飾。使用珠
子製作的提把相當可愛。

設計/藤村洋子
製作/圖左 鶴 亨子
　　　圖右 高橋淳子
13×17.5cm　作法P.96

迷你波士頓型波奇包
在鮮豔明亮色彩印花布的
袋身的襯托下,使紅色印
花布顯得更加亮眼。將已
滾邊的袋身與一圈側身以
捲針縫拼接後縫製完成。

設計・製作/高原明美
14.5×21.5cm
作法P.73

花樣拼布圖案的表現方法

將使用「祖母花園」的花樣製作各種圖案的拼接方法範例進行解說。

以六角形布片
拼接單層花樣

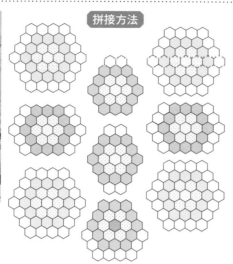

拼接方法

先製作於花樣的周圍拼接1圈六角形布片的單層花樣,再以六角形布片有如空出間隔般的將所有花樣拼接在一起。在比擬為花圃的花樣之間,添加了橫互於花朵間小徑般的傳統設計。(P.10)

以三角形與菱形布片
拼接雙層花樣

拼接方法

以白色素布圍繞在單層花樣的周圍,並以綠色三角形與菱形布片拼接而成。(P.9)

以三角形與菱形布片
拼接單層花樣

於單層花樣的周圍拼接三角形與菱形的布片,再以菱形布片將其組合而成。(P.8)

拼接方法

菱形圖案的表現方法

拼接方法

於花樣的上下拼接六角形布片後,製作菱形的花樣,並以六角形布片拼接而成。(P.11、P.12)

祝賀新年的 生肖兔

以吉祥生肖兔作為花樣的壁飾及羽子板裝飾，慶祝新年的來到吧！
攝影／山本和正

露出可愛表情的兔子壁飾

突然從四個角落探出臉來的兔子，十分引人注目。於貼布縫的兔子使
用「卯」的字樣，及新春花樣的刺繡加以裝飾。以沈穩的紅色與茶
色，將可愛的設計完美結合。

設計・製作／吉田ひろみ　39×39cm／作法P.70

貼花的羽子板裝飾

以貼花方式製作側臉身影的兔子與雪兔。鮮豔花色的縐綢更加襯托出白色兔子的美麗。眼睛則用帶有光澤的紅色珠子表現。因為是迷你尺寸，所以不挑裝飾場合皆適宜。

設計・製作／柳原みゆき

No. 24　28×11cm

No. 25　18×10cm

作法P.82

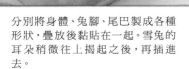

分別將身體、兔腳、尾巴製成各種形狀，疊放後黏貼在一起。雪兔的耳朵稍微往上揭起之後，再插進去。

立體的花朵裝飾是將渡線的分段改變，並於中心處接縫上珠子的花蕊。

攝影／山本和正

春日攜帶的外出手作包

開始製作春天想外出攜帶的手作包吧！一邊想著要去哪裡玩，一邊開始著手製作包包的過程，心情也雀躍不已！

粉膚色般清淡柔和色調的配色，完全適合春天的裝扮。
圖左的手提袋為橢圓底款式，圖右的手提袋則為側身尖褶款式。
使用內穿毛線的提把，營造飽滿質柔的印象。

設計／吉川欣美琴
製作／No. 26　星野裕子　25×40㎝
　　　No. 27　小川三千代　20×31㎝　作法P.84

提把是以包釦與珠子縫合固定。

以立體的花朵裝飾為設計重點的手提袋，全部都是以先染布進行配色。於粉紅色同系色的「積木方塊」的表布圖案上，添加綠色作為對比的強調色。華麗的設計很適合春天使用。

設計・製作／森 イツ子　28×37cm　作法P.100

後片是於中心處配置拼接區塊，
並於左右兩側進行花朵的貼布縫。

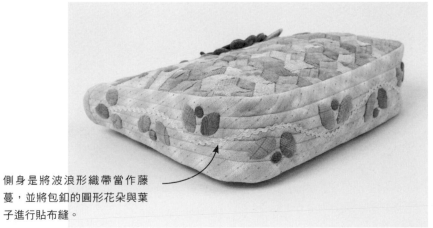

側身是將波浪形織帶當作藤蔓，並將包釦的圓形花朵與葉子進行貼布縫。

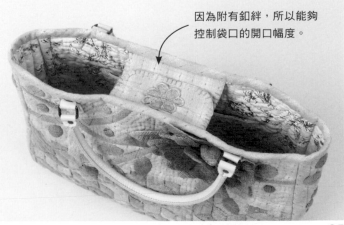

因為附有釦絆，所以能夠控制袋口的開口幅度。

以粉彩色調的玫瑰圖案印花布為主角，搭配上直條紋、細格紋、碎白花紋，製作「拼圖」的表布圖案。將白底較多的表布圖案，利用深藍色的印花布加以收斂整合。添加寬版蕾絲，呈現高尚優雅的印象。

設計·製作／青塚勝江　23×39cm　作法P.91

於釦絆上接縫強力磁釦。

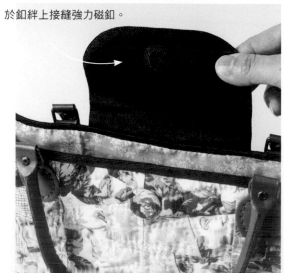

布料提供／有輪商店株式會社

在Instagram上擁有有84萬名粉絲的日本夫婦bonpon，
親自指點你伴侶在服裝造型上搭配的訣竅！
製作出手作單品，變換出不同穿搭，
並運用小配件讓整體造型畫龍點睛，
運用三個基本顏色就能創造的個性穿搭風，
自己就能作出適合各年齡層成人的搭配單品喔！

不退流行＋各種身型一次滿足！

不管幾歲都時髦．
人氣KOL的手作夫婦情侶裝
bonpon ◎著

平裝／104 頁／21×29.7cm
彩色／定價580 元

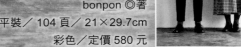

使用充滿回憶的衣服 ✳ 製作「重製拼布」

將童裝、領帶、舊衣留下製成壁飾或布小物吧！

無論是裝飾用於欣賞，或每次使用，都是能喚起過往回憶的重要作品。

30

領帶與襯衫壁飾

排列著繫有迷你領帶之襯衫花樣的壁飾，是使用了已退休的一家之主，於上班期間所愛用的領帶與襯衫。
飾邊設計也是以裁剪成正方形的領帶拼接製成。

設計・製作／高橋タツ子　115×95cm　作法P.29

補充說明 我懷著對長年努力工作的丈夫，誠摯感謝的心意，一針一線仔細製作。
由於西裝是由公司提供，因此丈夫對於襯衫與領帶的挑選特別講究。雖然他對拼布
及手工藝並不感興趣，但他依舊開心地欣賞著我親手縫製的壁飾。（高橋）

●材料

各式領帶　A用布55×30cm　B、C用布16種各30×25cm　D、E用布
70×35cm　F、G用布90×20cm　鋪棉、胚布各100×120cm　滾邊用
寬4cm 斜布條430cm　薄型接著襯適量

●作法順序

製作16片襯衫的區塊，並與布片D至G接縫→於周圍接縫上布片H
（一邊調整長度一邊疊合），製作表布→疊放上鋪棉與胚布之後，進
行壓線→製作迷你領帶，接縫上去→將周圍進行滾邊（參照P.66）。

※**布片A至CC'原寸紙型B面⑱。**

襯衫區塊

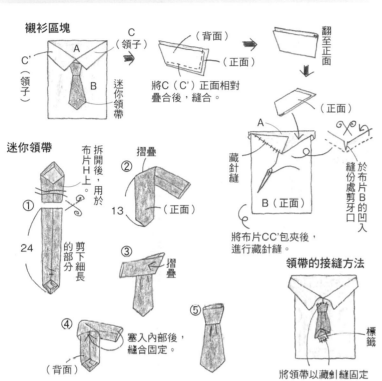

將C（C'）正面相對
疊合後，縫合。

翻
至
正
面

將布片CC'包夾後，
進行藏針縫。

於
布
片
B
的
凹
入
縫
份
處
剪
牙
口

藏針縫

A（正面）

B（正面）

迷你領帶

拆開後，用於
布片H上。

的
剪
下
細
長
的
部
分

① 24

② 摺疊 13

③ 摺疊

④ （背面）

⑤ 塞入內部後，
縫合固定。

領帶的接縫方法

標籤

將領帶以藏針縫固定

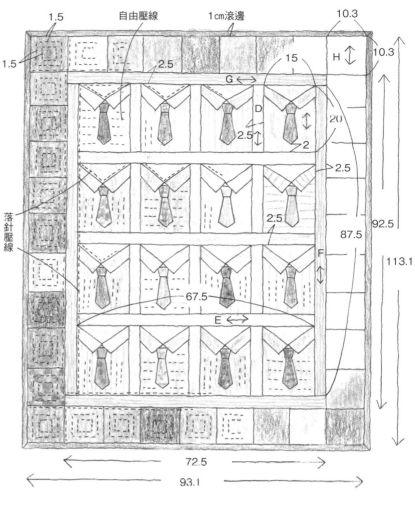

自由壓線　　1cm滾邊

1.5　1.5　2.5

10.3　10.3

H

15

G

D

2.5　2

20

2.5

落針壓線

2.5

92.5

87.5

F

67.5

E

113.1

72.5

93.1

迷你領帶是剪下劍尖的細長部分後，再重新繫結，襯衫則是包夾
著另外縫製的領子，製作成立體狀。領帶是將上下處的一部分縫
合固定後，使其呈現出懸浮狀。

附有標籤的領帶則是將
標籤部分縫合固定。

領帶的處理方法

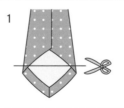

1
在不直接使用劍尖的情況時，
將劍尖剪掉5cm。

②
使用拆線器拆下背面側的
閂止縫，穿帶環及標籤亦
一併拆下。

③ 內襯　裡布

解開將中心處藏針縫的縫紗
打開後，拆下內襯。
請將裡布也拆下。

④ （背面）

以熨斗整燙。將溫度設定
成比絲綢布再稍微高溫的溫度，
再由背面整燙。若以蒸汽整燙，
會導致面料縮布，因此請乾衣整燙
即可。摺痕處請確實以熨斗燙平。

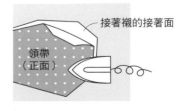

⑤ 接著襯的接著面

領帶（正面）

由於領帶的布料較薄，因此當作布片使用時，
可黏貼上薄型接著襯加以補強。
將接著面朝上，再置放上領帶布，以熨斗燙貼。
為了避免黏膠沾到熨斗上，
建議貼放上矽油紙再整燙尤佳。

29

使用童裝製作的迷你壁飾

圖案的身片部分，就是直接將連身裙的剪接部分裁剪成布片使用。

可愛的花色當作布料使用也相當OK。若使用口袋，還可以實際用來收納物品。

除了滾邊以外，一律是將已經不合身的童裝重新再利用。活用口袋、貼布縫、鈕釦等裝飾部分，並添加連身裙鈕釦的可愛設計。

設計・製作／森永惠里子　31.5×31.5cm

迷你壁飾

●材料
各式童裝　滾邊用寬3.5cm斜布條135cm 雙膠鋪棉、胚布各33 × 35cm 喜歡的鈕釦適量（作品是利用童裝上附的鈕釦）

●作法順序
進行滾邊之後，製作表布圖案ㄅ⊗，並與7片從衣服上裁下的布片接縫後，製作表布→疊放上鋪棉與胚布之後加以黏貼，進行壓線→縫上鈕釦→將周圍進行滾邊（參照P.66）。

●作法重點
○使用厚型的衣服時，不妨使用縫紉機進行壓線會比較好。

※表布圖案原寸紙型A面⑥。

補充說明 女孩子的衣服有很多可愛的設計，就算是不合身，要送人或是丟掉都覺得可惜，所以留了下來。將其中有著特別回憶的衣服，以及愛不釋手的衣服裁剪之後，再進行拼接，想要當作紀念拼布送給女兒，因此製作此作品。（森永）

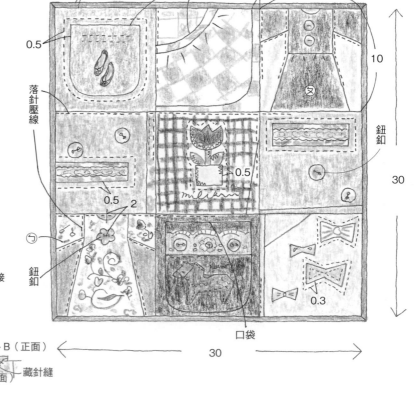

0.8cm滾邊　口袋　0.7　10　0.5　落針壓線　0.5　2　ㄅ　鈕釦　鈕釦　10　30　0.3　口袋　30

ㄅ的縫法

C'　A　C　D'　D　B

① C（背面）　縫合　D（正面）　將C與D正面相對拼接

② C（正面）　D（正面）　C'與D'亦以相同方式拼接

③ （背面）　於布片A的凹入縫份處剪牙口　拼接後，縫份倒向布片A側。

④ B（正面）　剪牙口，將布片B貼放於背面。　A（正面）　B（正面）　A（正面）　藏針縫　※表布圖案⊗亦以相同方式縫合。

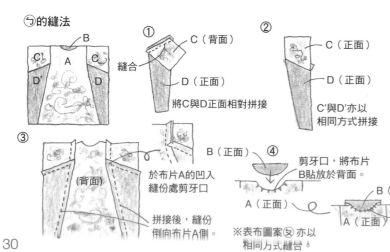

un piano

poupée

以零碼布或舊衣回收的再利用布料製作的兔子布偶

將各種布料拼接而成的可愛垂耳兔。
利用耳環與紮染的蝴蝶結使其呈現時尚感。

設計・製作／大塚まゆみ（ハンドメイド縫布民）
體長 32cm　作法P.102

補充說明 將縫製喜愛衣服時的零碼布、刷毛布等，
充滿各種回憶的布料接縫後製成。將至今為止製作過的
泰迪熊，重新配置成十二生肖的兔子。（大塚）

就連背影也很可愛。圓圓的尾巴是以刷毛布製成。

入園入學用品禮物提案

本單元將為讀者們介紹讓人想親手縫製用來慶祝托兒所、幼稚園、小學的入園·入學賀禮的布作用品。每件作品都是流行又實用的設計，送禮肯定能討人歡心。

攝影／藤田律子（P.34）　山本和正

un piano

la poupée

粉彩色
學習袋與鞋子收納袋

以描繪各式各樣花飾蛋糕的粉彩色印花布為主，並組合紫色、粉紅色、黃色布片的時尚設計。「德勒斯登圓盤」花樣就像是花朵，可愛極了！

設計·製作／指吸快子　學習袋30×40cm 鞋子收納袋30×20cm
作法P.86

布料提供／株式會社moda Japan

學習袋的後片是將
3種印花布拼接而成，
且接縫了拉鍊口袋。

手提袋的花樣部分，
將半邊作成口袋。

學習袋的後片接縫了
「積木方塊」圖案的口袋。

使用丹寧布料俏皮地製作的
時尚學習袋與鞋子收納袋

將「積木方塊」與「雁行」的表布圖案,以及字母的
貼布縫進行活潑可愛的配色,營造充滿活力的印象。

設計／佐藤尚子　製作／野本孝子
學習袋30×39cm 鞋子收納袋29×20cm
作法P.89

附口袋平板電腦
收納袋

以恐龍圖案為主題，帶有酷炫印象的設計，以及在粉彩色調上施以可
愛貼布縫設計的2款平板電腦收納袋。接縫了就算不放入後背的書包
時，也能隨身攜帶著走的提把。

設計・製作／渡邊真理子　31×23.5㎝　作法P.90

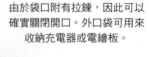

由於袋口附有拉鍊，因此可以
確實關閉開口。外口袋可用來
收納充電器或電繪板。

亦可收納在後背的書包裡。

後片接縫了
重點裝飾的口袋。

能夠背在書包上面的
運動服收納袋

束口袋款式的運動服收納袋，由於能夠從書包上面背著，因此就算是物品較多的日子裡，也能輕鬆地攜帶。女孩用的款式是以心形貼布縫營造柔和印象。藍色系配色則是將運動服圖像化的花樣進行貼布縫。前片採行壓線，後片則配置上無壓線的一片布，縫製成不顯笨重的輕巧作品。

設計・製作／岩崎美由紀　43×36cm　作法P.88

39

40

因為是大尺寸，所以容量寬裕，能夠輕鬆收納上下身的體育服與帽子。前往運動的課程時，也相當便利好用。

運用拼布搭配家飾

連載

輕鬆地使用拼布裝飾居家，
本單元作品由人田美住老師提案，
以能讓人感受到當季氛圍的拼布為主的美麗家飾。

獨享優雅的個人時光
冬季放鬆單品

不妨在一天的尾聲，或是作完家事的午後片刻，
創造屬於自己悠閒度過的時光吧！
沈著穩重的炭灰色「八角形圖案」壁飾，
最適合用來作為冬季使用的家飾。
若裝飾在牆上，就能營造具有暖意的空間。
只要將與壁飾顏色一致的抱枕及腳踏墊，
或是小小的咖啡墊進行混搭之後，
就能創造出一處放鬆的小角落。

將白色山茶花貼布縫於壁飾的角落。

「小木屋」抱枕裝飾長春藤的貼布縫。

從原色轉換成茶色的漸層，
帶有時尚感圖案的腳踏墊與咖啡墊。
咖啡墊用來放置咖啡杯與點心盤，
是大小剛好的尺寸。

設計／大畑美佳
製作／壁飾 石田 文
　　　抱枕・腳踏墊・
　　　咖啡墊 加藤るり子
壁飾 128×178cm
抱枕 40×40cm
腳踏墊 55×91cm
咖啡墊 16.5×31.5cm
作法P.38、P.39

壁飾

材料
布片A、各式貼布縫用布片　B至D用布110×60cm　E、F用布160×20cm　G、H用布180×50cm　滾邊用寬5cm斜布條620cm　鋪棉、胚布各100×275cm　25號綠色‧橘色繡線適量

作法順序
拼接布片A至D，進行貼布縫與刺繡→於周圍接縫上布片E至H之後，製作表布→疊放上鋪棉與胚布之後，進行壓線→將周圍進行滾邊（參照P.66）。

※原寸貼布縫圖案A面⑧。

表布圖案的縫合方法
※箭形符號為縫份倒向的方向。

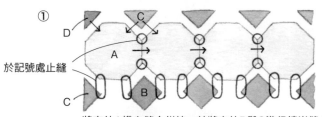

① 於記號處止縫

將布片A橫向縫合拼接，並將布片B與C進行鑲嵌縫合之後，接縫布片D。

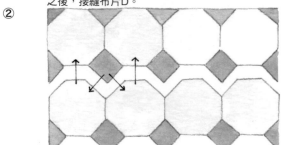

②

將布片A至C的帶狀布進行鑲嵌縫合。

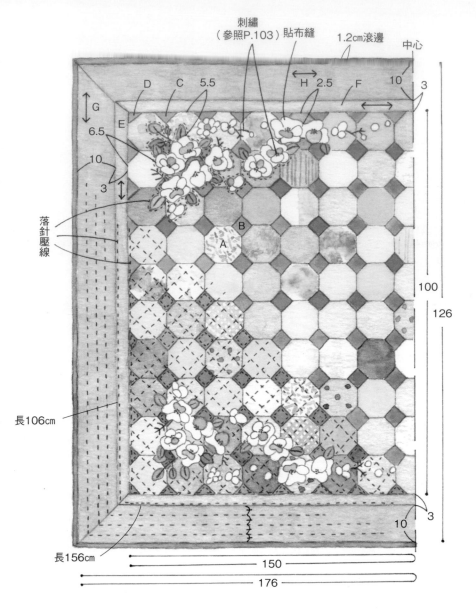

刺繡（參照P.103）　貼布縫　1.2cm滾邊　中心
D　C　5.5　H　2.5　F　10　3
G
6.5
E
10
3
B
A
落針壓線
長106cm
長156cm
100
126
150
176
3
10

原寸紙型

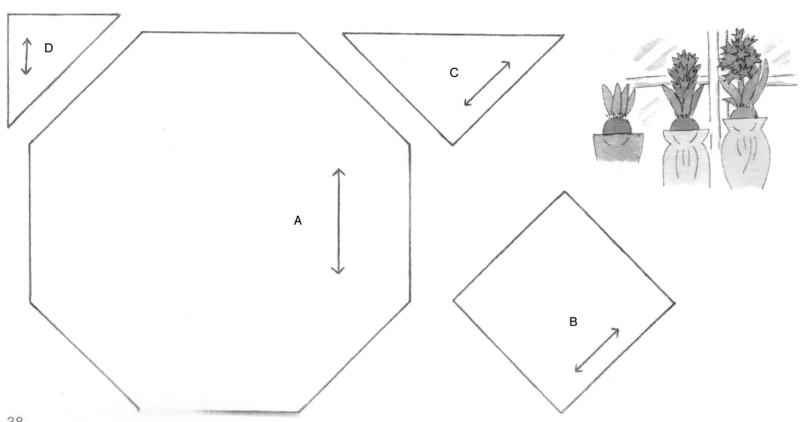

D　C　A　B

38

腳踏墊與咖啡墊

材料

腳踏墊 各式拼接用布片 A用布25×15cm N、O用布110×35cm 滾邊用寬4cm斜布條300cm 鋪棉、胚布各100×65cm

咖啡墊 各式拼接用布片 a用布10×10cm 滾邊用寬3.5cm斜布條110cm 鋪棉、胚布各35×20cm

作法順序

腳踏墊 拼接布片A至M，製作8片表布圖案→接縫表布圖案，於周圍接縫上布片N與O之後，製作表布→疊合上鋪棉與胚布之後，進行壓線→將周圍進行滾邊（參照P.66）。

咖啡墊 拼接布片a至m，製作、併接2片表布圖案之後，製作表布→作法與腳踏墊相同。

※表布圖案原寸紙型B面⑦。

腳踏墊

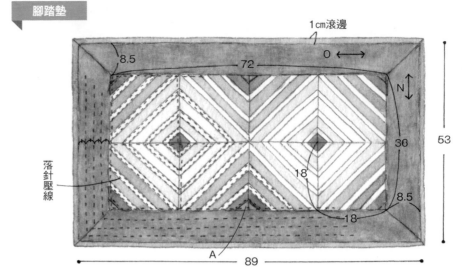

落針壓線

1cm滾邊
8.5
72
O
N
36
53
18
18
8.5
A
89

咖啡墊

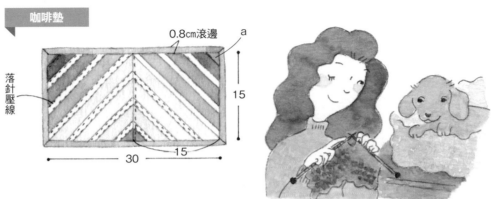

0.8cm滾邊　a
落針壓線
15
15
30

抱枕

材料

各式拼接用布片、各式貼布縫用布片 K用布45×30cm 後片用布60×45cm 鋪棉、胚布各45×45cm 25號茶綠色系段染繡線適量

作法順序

拼接布片A至J之後，製作、併接4片表布圖案→於周圍接縫上布片K之後，製作前片的表布→進行貼布縫，再行刺繡→疊合上鋪棉與胚布之後，進行壓線→製作後片布→依照圖示進行縫製。

※表布圖案與貼布縫圖案
　原寸紙型B面⑯。

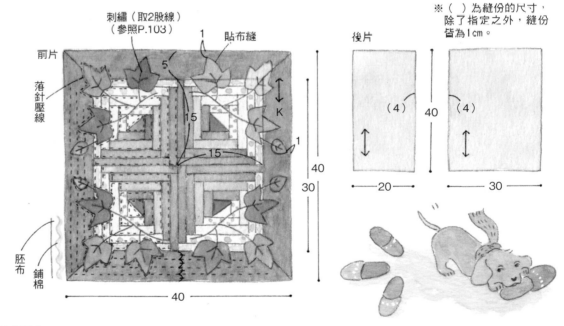

前片
落針壓線
刺繡（取2股線）
（參照P.103）
1
貼布縫
5
15
K
15
1
40
30
胚布
鋪棉
40

※（ ）為縫份的尺寸，除了指定之外，縫份皆為1cm。

後片
（4）　　（4）
40
20　　　30

表布圖案的配置圖

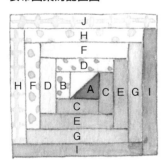

J
H
F
D
B
H F D B A C E G I
C
E
G
I

表布圖案的縫合順序

接縫2片中心的布片A，並依照B至J的順序，逆時針併接。縫份倒向外側。

縫製方法

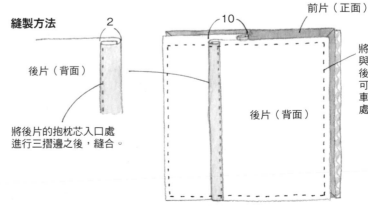

2
後片（背面）

將後片的抱枕芯入口處進行三摺邊之後，縫合。

10
前片（正面）
後片（背面）

將後片重疊10cm，並與前片正面相對疊合後，縫合周圍。可以捲針縫或Z字形車縫將縫份進行收邊處理。

攝影／山本和正

想要製作、傳承的
傳統拼布

在此介紹長年以來一直持續鑽研拼布的有岡由利子老師，所製作的傳統圖案美式風格拼布。正因為我們身處於這個世代，更讓人想要返璞歸真，製作出懷舊且樸質的拼布。

45

「百合花」

於1800年代中期，「百合花」的表布圖案，非常受到歡迎，在巴爾的摩紀念拼布（Baltimore album quilts）起源地的美國馬里蘭州巴爾的摩西部、埃米茨堡、坦尼鎮、西敏市等地，使用紅色及綠色進行配色的「百合花」拼布被大量製作。相較於以大型台布及布料種類為主要需求的上流階級的巴爾的摩拼布，使用布片就能製作的花朵圖案顯得更容易製作，各式各樣的設計孕育而生。即便是相同設計，但取了數種花名的表布圖案也相對繁多，「百合花」亦被稱為芍藥、仙人掌花、鬱金香。此拼布亦以紅色與綠色配色，並於周圍裝飾上碎布的三角形布片，在布料種類並不豐富的時代裡，一邊遙想當時情景一邊製成。

設計・製作／有岡由利子　82×82cm　作法P.43

拼布的設計解說

「檸檬星」是採用缺了2片布片的設計，4片花瓣與2片葉子則為相同的菱形。將花瓣與葉子的顏色分開進行配色後，表現出花朵的圖案，並將花莖與葉子進行貼布縫。

菱形及平行四邊行的花朵表布圖案

*Poinsettia（聖誕紅）

*Dutch Rose（荷蘭玫瑰）

*peony（芍藥）

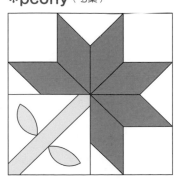

將菱形及平行四邊形比擬當作花瓣使用的花朵圖案數量繁多。最下方的「芍藥」為6片花瓣的設計（又名「百合花」）。

飾邊的帶狀布寬度4cm

由三角形往外延長的菱格壓線整齊地納入其中。

於素面區塊上添加了具體花樣的壓線。

將圖案的方向斜向配置時，以圖案的對角尺寸為基準，再考量飾邊及格狀長條飾邊寬度。此拼布之表布圖案的對角長度為20cm，以能夠將20cm除盡的4cm作為飾邊帶狀布的寬度，使底邊4cm的三角形能整齊地納入其中。

花朵表布圖案的紅色花朵最具人氣

由於染色技術的發達，自紅色布料容易取得的1800年代後期開始，紅色花朵的拼布被大量製作。作為花朵的顏色，容易讓人產生聯想，並與葉子及花莖綠色的美麗對比，也是其中的魅力之一。

使用紅色的單色印花布或素布，看起來就像是復古拼布。

紅色素布被廣泛使用的1800年代中期的拼布。

紅色添加黑色、青色、茶色等其他色彩的深色印花布也OK。

底色為原色、象牙白或淺膚色十分相配。

接縫4片成為花朵的布片A，並將布片B與C進行鑲嵌縫合，製作上部。下部則是將2片成為葉子的布片A與B、D接縫後，將花莖與葉子進行貼布縫。最後，將上下的區塊與布片B組合。鑲嵌縫合最好於每1邊以珠針固定後，再行縫合。此處一律由記號處縫合至記號處。

● 縫份倒向的方式

● 製圖的方法

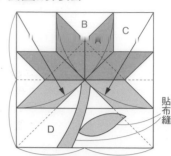

貼布縫

1 準備4片成為花朵的菱形布片A。將紙型置放於布片的背面，以2B鉛筆等作上記號，預留0.7cm縫份後裁剪。

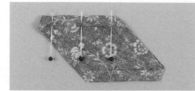

2 將2片正面相對疊合，對齊記號處，並以珠針固定兩端與中心，由記號處平針縫合至記號處。始縫點與止縫點則進行一針回針縫。

※箭形符號為縫份倒向的方向。

對齊所有接縫處

3 另1組亦以相同方式縫合，縫份倒向箭形符號的同一方向。將所有此一小區塊正面相對疊合，以珠針固定後，由記號處縫合至記號處。

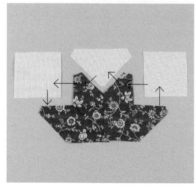

4 於凹入部分的縫份處，將1片布片B、2片布片C進行鑲嵌縫合。

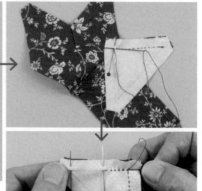

5 將布片B正面相對疊合，並將1邊的記號處取齊後，以珠針固定。由記號處縫合至邊角，於邊角進行一針回針縫。以珠針固定第2邊，並由邊角縫合至記號處。布片C亦以相同方式縫合。

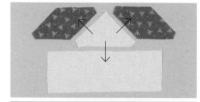

6 下部則是將葉子的2片A與B接縫，併接布片D後，再將花莖與葉子進行貼布縫（參照P.43）。

7 接縫上部與下部的區塊。將區塊正面相對疊合，並以珠針固定兩端與中心。由於中心部分較厚，因此將珠針垂直刺入，一邊以手指壓住刺針的旁邊，一邊以其他珠針大幅度挑針後固定。

8 其間亦以珠針固定，並由記號處縫合至記號處。由於接縫處以花莖遮掩，因此接縫處的回針縫不需要進行，但是請以細針目縫合。挑開中心處的縫份，繼續往下一個邊進行。

9 縫份倒向上部。最後，將2片布片B進行鑲嵌縫合後，完成。

壁飾

●材料
各式拼接用布片（包含貼布縫部分） 象牙白色素布110×100cm 滾邊用寬4cm斜布條340cm 鋪棉、胚布各90×90cm

●作法順序
拼接布片A至D之後，製作9片表布圖案，並與布片E至G接縫→接縫布片H至J之後，製作帶狀布→於周圍接縫上布片K、帶狀布、布片L之後，製作表布→疊合上鋪棉與胚布之後，進行壓線→將周圍進行滾邊（參照P.66）。

※表布圖案與壓線圖案原寸紙型A面①。

區塊組合方法

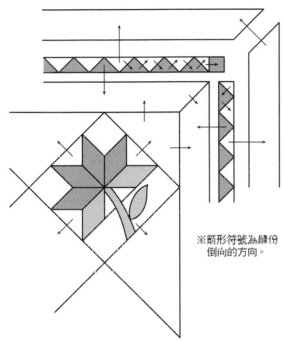

※箭形符號為縫份倒向的方向。

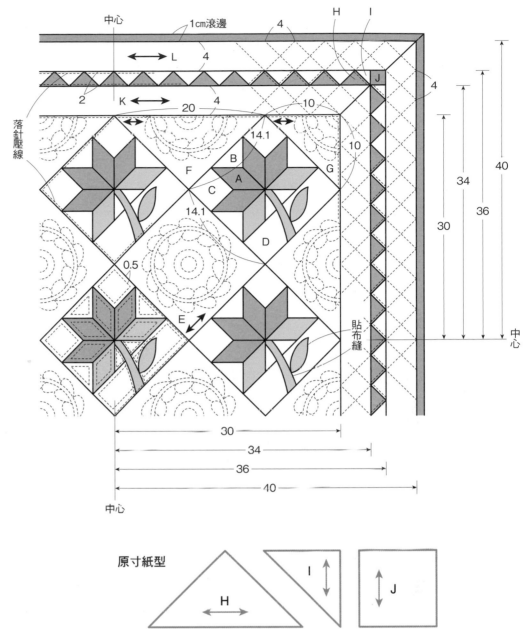

原寸紙型

●貼布縫的方法

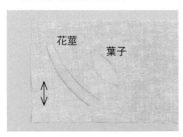

1
將反過來的花莖與葉子的紙型置放於布片的背面，作上記號。對於弧線，布紋方向應形成斜布紋。花莖預留大約0.7cm縫份，葉子則預留0.5cm縫份後，進行裁剪。

2
將紙型置放於區塊上，並將貼布縫的位置作上記號。

3 花莖是將凹入部分的弧線縫份側進行平針縫後固定。將花莖的布片正面相對放上去後，以珠針固定，縫合。接著，由接縫處翻至正面，以記號處為基準，摺入後進行藏針縫。

4 葉子是沿著背面的記號，貼放上刮刀，作出摺痕。置放於貼布縫位置上，以珠針固定邊角進行藏針縫。

您也嚮往丹麥人的 *Hygge* 精神嗎？

日本拼布名師 ── 柴田明美

以 *Hygge* 的手作態度

製作率性可愛又優雅的拼布作品，

與老師一樣崇往自由創作的您，一定也會喜歡！

日本拼布名師 ── 柴田明美以「安逸悠然（Hygge）」這句話為創作起點，在這本創作書中設計並收錄40多件極具Hygge風格的拼布作品。對丹麥人而言，「安逸悠然（Hygge）的態度，不論是在時間的利用上，也落實在日常生活裡，他們不放置多餘的東西、珍惜物品、充分打造舒適安逸的空間，與感受溫馨的生活態度，珍惜凡事不強求的生活方式，是柴田明美老師一直以來憧憬嚮往的心情，這與Hygge這樣的精神恰好是一致的，因此她走訪丹麥、芬蘭、愛沙尼亞，在旅行生活的途中，尋找手作靈感，並將安逸悠然（Hygge）的元素，放進創作中，呈現極具北歐特色的各式拼布作品，讓人在翻閱本書時，不僅能夠得到許多創意啟發，更能獲得一種手作獨有的療癒抒發，借由柴田老師的作品及介紹，彷彿亦置身在丹麥人的日常，與其一同感受安逸悠然（Hygge）的美好。

本書收錄作品附有詳細圖解作法、基本教學，內附兩大張紙型＆圖案，請跟著柴田老師一起以拼布享受安逸悠然（Hygge），愉快地手作，優雅的生活吧，喜歡手作，就是Hygge！

柴田明美的植感拼布：
愉快地手作，優雅的生活

柴田明美◎著
平裝 96 頁／21cm×26cm／
全彩／定價 520 元

內附兩大張紙型

拼布小建議

本期登場的老師們將介紹拼布人必須學會＆製作時更加得心應手的作法
訣竅，您可應用於各種作品，大大的提升完成度！

協力／大畑美佳

「祖母花園」的縫法……　於成為花蕊的中心布片上，以鑲嵌縫合接縫6片的花瓣布片。

縫份倒向的方式

1 首先，將3片外側的布片，間隔1片接縫於中心的布片上。

2 將2片正面相對疊合，對齊記號後，以珠針固定，由記號處縫合至記號處。始縫點與止縫點進行一針回針縫。

3 縫份倒向外側。將剩下的3片以鑲嵌縫合接縫於之間。

4 將布片正面相對疊合，對齊第1邊的記號，並以珠針固定。避開中心布片的縫份。

5 由記號處縫合至邊角的記號處。於邊角進行一針回針縫。

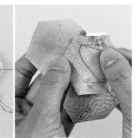

6 休針，將下一個邊的所有記號處對齊後，以珠針固定（避開★的布片的縫份）。縫合至邊角，進行回針縫。第3邊亦以相同方式縫合。

區塊的接縫方法

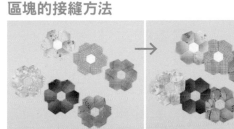

將區塊1片1片地接縫成帶狀布之後，進而組合。排列一次，以確認縫合的位置，每1邊則進行鑲嵌縫合。

使用六角形紙型板的拼縫方法……　將包覆著紙內襯的布片，以細針目進行捲針縫拼接。

布片（背面）
內襯

1 內襯※為完成尺寸，布片預留0.7cm縫份後，作裁剪。將內襯置放於布片上，以珠針固定。

※內襯為明信片程度般厚度的紙張為適當。亦有市售品。

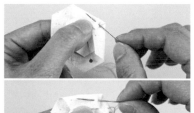

2 一邊摺疊縫份的每1邊，一邊以疏縫線僅將重疊部分的布面挑縫一針。

3 重複步驟2，並於線結的附近出針後，僅挑布面，進行回針縫之後，剪線。

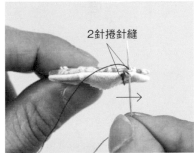

2針捲針縫

4 將中心與外側的布片正面相對之後，對齊布邊，僅挑布面，由邊角的2針內側開始進行捲針縫。

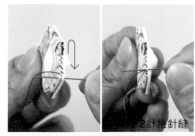

2針捲針縫

5 待捲針縫合至邊角時，返回，再以捲針縫縫至下一個邊角。由邊角開始捲針縫至2針內側為止時，再打開布片，作止縫結後，剪線。

6 將下一片布片進行捲針縫。這次是將2邊進行捲針縫。

7 正面相對疊合後，，由2針內側開始進行捲針縫至外側的邊角時返回，再縫合至內側邊角。

8 不剪線，直接將所有下一個邊對齊，待捲針縫合至邊角時，再返回2針。紙內襯摺到也沒關係。

9 最後的布片則是將3邊進行捲針縫。待捲針縫合之後，拆下疏縫線，取出內襯。

生活手作小物

攝影／山本和正

◆以花樣及布片運用營造
高尚雅緻的日式風格◆

復古摩登的壁飾

將和服、草履、口金手提包等日式裝扮小物的花樣，以大正時代摩登的印象進行配色。

設計・製作／中村麻早希　64.5×52.5cm

作法　P.97

46

精緻優雅的手拿包

將和服腰帶布翻新重製的手作包。為了活用花紋的優點,壓線採用簡單的直線。掀蓋的壓線線材則使用漸層線。

設計・製作／小澤志織　16×26cm

作法　P.92

胚布為朱紅色的縐綢。與表布之間的對比更顯出色。

◆享受居家時間樂趣的家飾◆

「德勒斯登圓盤」防塵罩

作為防塵用,可覆蓋於各種物品上的便利型多功能罩布。亦可當作擺放飾品的裝飾墊使用。

設計・製作／川村敬子　30×35cm

作法　P.74

繽紛多彩花朵綻放的床罩

將「摩登雛菊」的圖案進行配置，彷彿絢麗斑斕的花朵大量盛開般的動態設計。將圖案斜向排列，並於周圍添加三角形布片，呈現鋸齒狀的花樣。

設計／大島浩美　製作／廣村真智子

205.5×171.5cm

作法　P.94

4片花朵的花樣並排的表布圖案。以中心的圓形貼布縫表現花蕊。

表布圖案參考《野原チャックの200！新パッチワーク・パターン》
《野原Chuck老師的200！新拼布圖案》（日本VOGUE社）

方形&圓形抱枕

使用與P.48床罩相同圖案製成。將表布圖案斜向排列，並有如邊框般的於周圍縫上布片，藉以強調表布圖案的美麗。於方形抱枕添加鏈環的壓線花樣。

設計／大島浩美　製作／No. 50 廣村真智子 42×42cm　No. 51 大島浩美 直徑40cm

作法　P.94

馬賽克花樣手提袋

將「小木屋」風的表布圖案以土耳其藍與茶色進行配色，並於間隙搭配白底印花布。沿著表布圖案的形狀，將布片的中心進行四方形的壓線。

設計／足立美江　製作／田中敦了　24×40cm

作法　P.93

於貼邊的下側部分接縫了附拉鍊的口布，縫製成由外看不見內部的設計。

於後片接縫拉鍊口袋。

49

「鎖眼」圖案手提袋

拼接布片完成配色華麗耀眼的區塊，接縫於簡約
素雅的黑白色調袋身，充滿時尚感的手提袋。後
片配置相同區塊構成的口袋。

設計・製作／後藤洋子　30.5×39cm

作法 P.98

拼接教室

聖誕之星

攝影／山本和正

圖案難易度

以中心朝向四面八方延伸的菱形布片，描繪星形模樣，完成圖案。以同一塊布料裁剪8片布片，描繪中心的「檸檬星」圖案之後，每一段皆改變顏色，交互接縫布片完成配色，構成閃耀著光芒的圖案。完成的是八角型圖案，四個角上部位分別接縫三角形布片，構成正方形圖案亦可。

指導／森泉明美

詳細解說
製作步驟

54

裡袋使用質感綿柔滑順的紗布料，取放平板電腦超方便！

色彩粉嫩柔美的平板電腦保護套

八角形圖案的四個角上部位，分別接縫三角形布片，完成正方形區塊。以亞麻布搭配色彩粉嫩柔美的圖案，充滿自然風情的保護套。上部車縫織帶，中段不車縫，當作保護套提把。

設計・製作／森泉明美　28×23cm
作法P.54

北歐風桌飾

並排3個圖案，強調八角形圖案的形狀。以黃色與藍色為基調，
充滿北歐風情的典雅設計。

設計・製作／森泉明美　36×86cm
作法P.99

區塊的縫法

拼接3片與4片A布片，完成帶狀區塊，接縫B布片，完成8個小區塊。縫合小區塊，周圍凹處以鑲嵌拼縫接合C布片，完成八角形的形狀。A布片配置容易弄錯，先並排確認。以珠針確實固定，以免A布片角上部位錯開位置，完成的星形模樣更加漂亮。

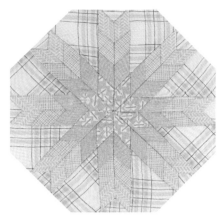

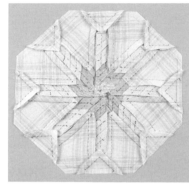

＊ 縫份倒向

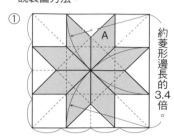

＊ 製圖方法

※此圖案十分複雜，因此以大致數值解說製圖方法。

①

約菱形邊長的3.4倍。

圖案尺寸的10／94（大致數值）＝菱形A布片邊長。先完成檸檬星圖案部分的製圖。

②

原本的檸檬星圖案

以A布片角上部位為起點描畫延長線，接著描畫相同尺寸的菱形線條。沿著周圍描畫連結4個菱形角上部位的直線。

1 準備3片A布片。布片背面疊合紙型之後作記號，預留縫份0.7cm，進行裁布。細心處理以免弄錯布片配置。

2 正面相對疊合2片，對齊記號，以珠針固定兩端與中心。由布端開始，進行一針回針縫之後，進行平針縫，縫至布端，再進行一針回針縫。

3 以相同作法接縫另一片A布片，完成帶狀區塊。縫份倒向同一個方向。

縫份倒向

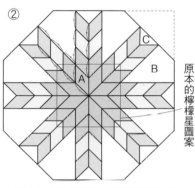

縫至記號

※箭頭為縫份倒向。

4 B布片正面相對接縫步驟3的帶狀區塊。這是縫份較多的圖案，接縫重點是，隨時以熨斗確實地壓燙縫份。使用重型熨斗更便利。拼接4片A布片，完成帶狀區塊，進行接縫。

5 正面相對疊合小區塊與帶狀區塊，對齊記號，以珠針固定。固定接縫處時也看著正面側。由邊端縫至邊端，接縫處進行一針回針縫。

6 縫份倒向帶狀區塊側。依序完成8個圖示中區塊之後，分別正面相對疊合2片，由邊端縫至記號。確實對齊接縫處。

7 完成4個心形區塊。依圖示並排，接縫相鄰區塊，完成上、下區塊，進行接縫。

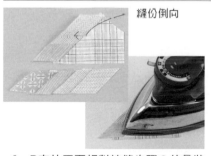

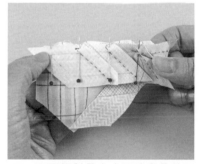

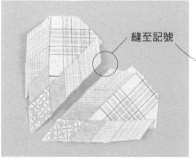

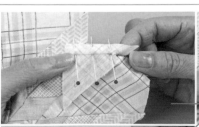

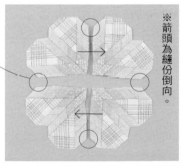

8 正面相對疊合上、下區塊，對齊記號，以珠針固定兩端、中心、接縫處，進行縫合。中心縫份重疊多層，以較長針目挑縫布片，進行回針縫。

9 周圍凹處以鑲嵌拼縫接合C布片。

10 首先，正面相對疊合第一邊，以珠針固定。由邊端縫至記號，縫合起點與角上部位分別進行一針回針縫。避開縫份，同樣以珠針固定第二邊，縫至邊端之後進行回針縫。

●材料

各式拼接用布片 D用布35×25cm（包含E
至G布片部分） H用布35×25cm 裡袋用布
50×30cm 單膠鋪棉65×30cm 寬3cm提把
用斜紋織帶55cm。

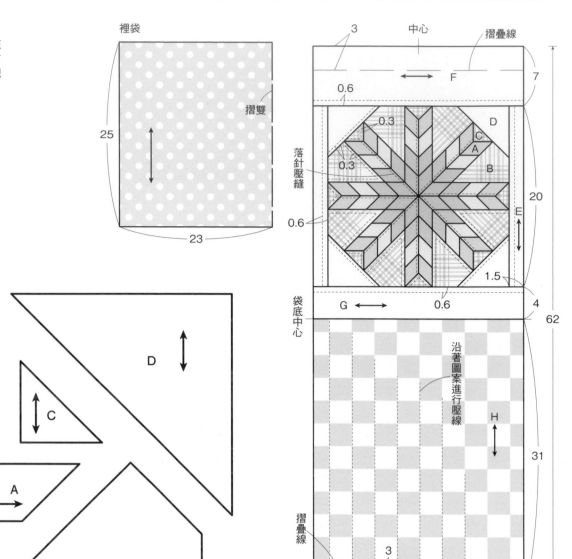

裡袋

摺雙

25

23

3　中心　摺疊線

F　7

0.6

0.3

0.3

D
C
A
B

落針壓縫

0.6

E

20

1.5

G　0.6　4

袋底中心

62

沿著圖案進行壓線

H

31

摺疊線

3

脇邊　脇邊

23

原寸紙型

D

C

A

B

---

1 | 製作表布。

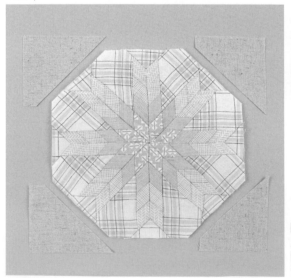

圖案的四個角上部位接縫D布
片，完成正方形區塊。以珠針
固定時也看著正面側，將A布片
角上部位接縫得更加漂亮。

周圍接縫E至G布片之
後，接縫H布片，完成
表布。縫份皆倒向外
側。

2 | 黏貼鋪棉。

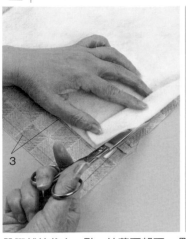

單膠鋪棉裁大一點，接著面朝下，疊合於表布背面，翻開鋪棉，沿著完成線記號，進行修剪。沿著記號內側3cm處修剪袋口部位。以珠針固定周圍。

由中心朝向外側，以熨斗壓燙促使黏合。

3 | 進行壓線。

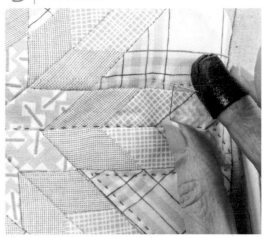

挑縫2層，進行壓線。慣用手中指套上頂針器，一邊推壓針頭，一邊挑縫2、3針，縫上整齊漂亮的針目。

4 | 製作本體。

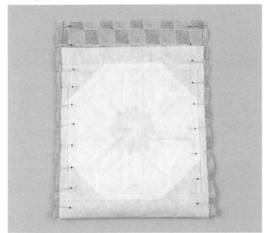

以珠針固定時避開縫合位置的方法

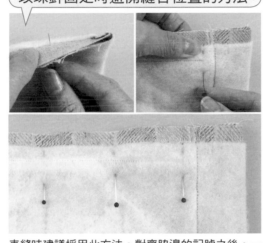

正面相對由袋底中心摺疊，對齊脇邊的記號，以珠針固定。

車縫時建議採用此方法。對齊脇邊的記號之後，一邊以手指捏緊，一邊穿入珠針，以免對齊部位錯開位置。捏緊的手指不放鬆，暫時取下珠針，接著挑記號內側部位，確實固定。

以鋪棉邊緣為大致基準，沿著記號進行車縫，由邊端縫至邊端。珠針固定於縫合位置時，車縫靠近時取下。

5 | 製作裡袋。

袋底中心側縫份的角上部位，倒向前側，進行捲針縫。

翻向正面，朝著內側摺疊本體袋口的縫份，以熨斗壓燙。

正面相對摺疊裡袋布，縫合邊端，燙開縫份。縫份調整至中心，摺疊後縫合袋底。

縫合

（背面）

6 | 裡袋放入本體，進行縫合。

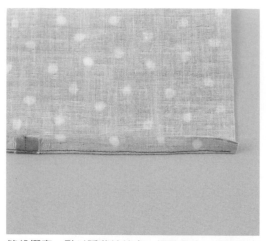

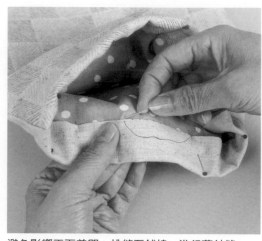

縫份摺寬一點以隱藏接縫處，摺疊袋底，確實壓出褶痕。

將裡袋放入本體，確實對齊袋底與脇邊，調整形狀。沿著鋪棉邊緣，朝著本體內側，摺疊袋口部位，以珠針固定。

避免影響正面美觀，挑縫至鋪棉，進行藏針縫。

7 | 車縫提把。

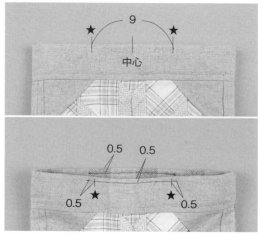

9

★　　★

中心

0.5　0.5

★　　★

0.5　　　0.5

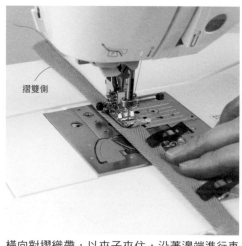

摺雙側

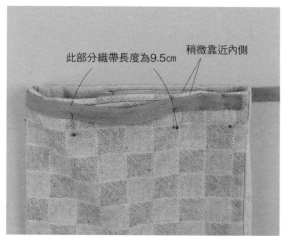

此部分織帶長度為9.5cm　　稍微靠近內側

本體的袋口中心作記號（★），車縫至左右側記號外側0.5cm處。

橫向對摺織帶，以夾子夾住，沿著邊端進行車縫。

織帶車縫起點疊合於後片脇邊附近，★至★部分織帶呈浮起狀態，以珠針固定。

車縫至終點之後，稍微摺疊織帶端部，疊合於車縫起點，以珠針固定。取下穿入記號處的珠針，重新固定於記號的左、右側。

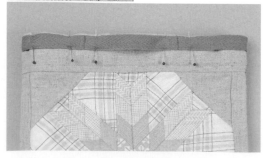

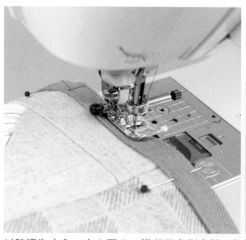

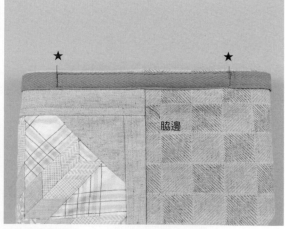

★　　　　　　★

脇邊

以脇邊為中心，由★至★，進行四角形車縫。仔細車縫織帶邊端。以相同作法車縫另一側。

拼接教室

攝影／藤田律子（作法流程）山本和正

圓弧紙牌魔術

圖案難易度

原來的「紙牌魔術」圖案是看起來像四張正方形卡片疊合而成，此圖案則是四個圓形區塊疊合而成，看起來像花朵。配色重點是，四個圓形區塊的顏色與明度形成明顯差異，完成立體感十足的圖案。精心設計的圖案，一片就十分耀眼。

指導／庄司京子

並排九個區塊構成漂亮桌飾

拼接布片，分別完成圖案，進行壓線，錯開配置，形成鏤空小方塊。可配合裝飾場所，改變圖案接縫數量，更廣泛地應用。當作壁飾也賞心悅目。

設計・製作／金森八代子
55cm×55cm　作法P.99

56

57

詳細解說
製作步驟

收納隨身物品
讓包包更加整齊清爽的扁平束口袋

以圖案為中心，周圍並排同樣裁成圓弧狀的布片。以圓弧線條營造
柔美氛圍。束繩尾端穿上色彩繽紛的串珠成為重點裝飾。

設計・製作／庄司京子
33×25cm　作法P.60

其中一面配色稍微降低色調。
可配合心情區分使用。

58

區塊的縫法

A布片周圍拼接4片B布片完成1個區塊，拼接B至D、D至E布片，分別完成4個區塊，彙整成圖案。容易弄錯區塊方向，接縫前先並排確認縫合位置。縫合圓弧部位時，對齊合印記號，珠針固定得更細密，以細小針目進行縫合，完成的區塊更加漂亮。

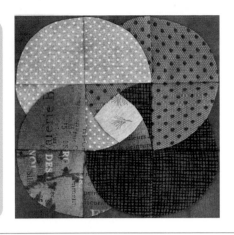

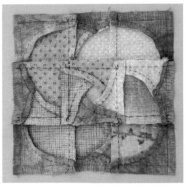

＊ 縫份倒向

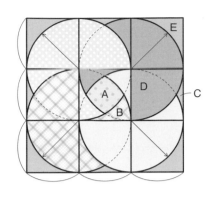

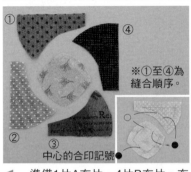

1 準備1片A布片、4片B布片。布片背面疊合紙型，以2B鉛筆等作記號（請參照P.60），預留縫合約0.7㎝，進行裁布。圓弧邊作上合印記號。

※①至④為縫合順序。
中心的合印記號●

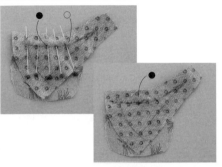

2 正面相對疊合A布片與第1片B布片①，對齊記號，以珠針固定布端、合印記號與兩者間。由●記號處開始拼接，進行一針回針縫之後，進行平針縫，縫至布端，縫合終點也進行一針回針縫。右圖示為A布片邊端縫合至一半的狀態。

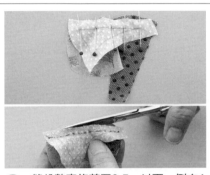

3 縫份整齊修剪至0.5㎝以下，倒向A布片側（圓弧部位縫份皆倒向凸側）。正面相對疊合第2片B布片，同樣對齊合印記號，以珠針固定，由布端縫至布端。

4 如同第2片作法，縫合第3、4片，縫份倒向A布片側。

5 正面相對疊合步驟2未完成縫合部分與第4片B布片，以珠針固定，進行縫合。

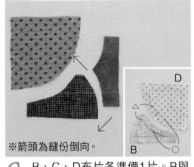

6 B、C、D布片各準備1片。B與D布片的圓弧邊分別作上合印記號。

※箭頭為縫份倒向。

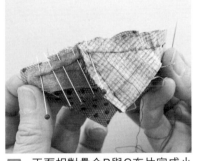

7 正面相對疊合B與C布片完成小區塊之後，正面相對疊合D布片，以珠針固定合印記號與兩者間。此區塊共製作4片。

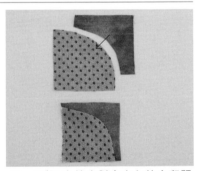

8 D與E布片也對齊中心的合印記號，正面相對進行縫合。此區塊共製作4片。

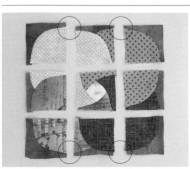

9 完成九個區塊後樣貌。縫合前先並排確認，以免弄錯方向與配色。分別橫向排列3片，彙整成圖案。

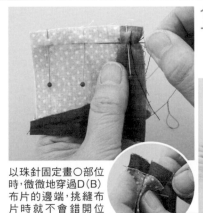

以珠針固定畫○部位時，微微地穿過D（B）布片的邊端，挑縫布片時就不會錯開位置。

10 正面相對疊合區塊，對齊合印記號，以珠針固定，進行縫合。縫合起點部位較厚，先以較長針目挑縫，再進行一針回針縫。

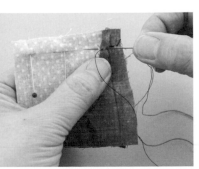

11
縫份倒向箭頭方向。
正面相對疊合帶狀區塊，以珠針固定兩端、接縫處、兩者間，進行縫合。接縫處進行一針回針縫以免錯開位置。

●材料

各式拼接用布片　C、E用布55×30㎝
袋口布55×20㎝　鋪棉、胚布各55×30㎝
束繩用寬0.6㎝ 緞帶170㎝ 直徑0.9㎝
串珠12顆

**銳角布片的紙型 &
記號作法**

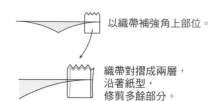

以織帶補強角上部位。

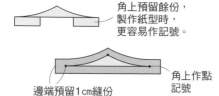

織帶對摺成兩層，
沿著紙型，
修剪多餘部分。

角上預留餘份，
製作紙型時，
更容易作記號。

邊端預留1㎝縫份
更安定。

角上作點
記號

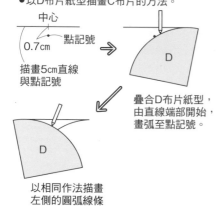

●以D布片紙型描畫C布片的方法。

中心
0.7㎝　　點記號
描畫5cm直線
與點記號

疊合D布片紙型，
由直線端部開始，
畫弧至點記號。

以相同作法描畫
左側的圓弧線條

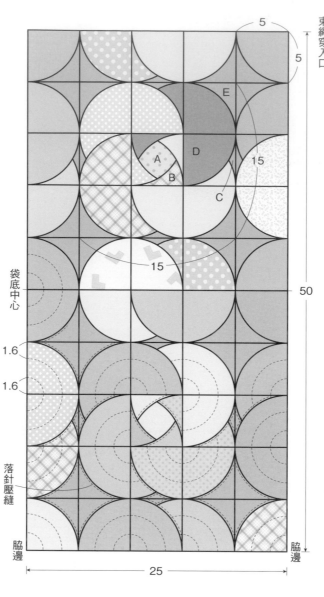

袋口布（2片）　　　　　摺雙
束繩穿入部位
束繩穿入口
脇邊　　　　　　　　　　脇邊
8
1.5
2.5
25

原寸紙型

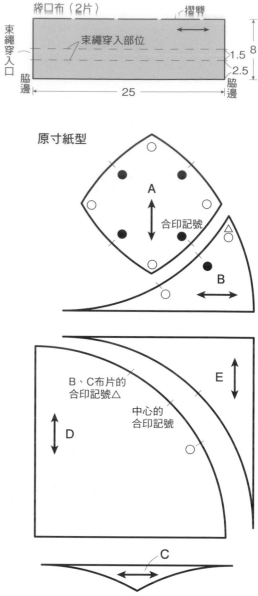

A
合印記號

B

B、C布片的
合印記號△

中心的
合印記號

D

E

C
△

1 製作本體表布。

沿著正面周圍作記號描畫完成線

依序完成2片圖案，拼接D、B布片完成24
個區塊，拼接B、C、D布片完成8個區
塊。縫份交互倒向相鄰區塊並壓燙。

2 描畫壓縫線。

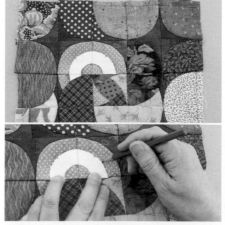

描畫D與B布片的圓弧線條，依圖示製作紙
型，疊合於表布，作上記號。

3 疊合鋪棉與胚布。

胚布（背面）

對齊記號與
接縫處

鋪棉裁大一點，疊合表布，以手撫平。胚布與表布作上同寸記號之
後進行裁布，脇邊也作上對齊區塊接縫處的合印記號。正面相對疊
合於表布，對齊脇邊的記號，以珠針固定。

4 | 車縫兩脇邊。

沿著脇邊的記號進行車縫。車縫靠近時取下珠針。手縫時則進行回針縫。

5 | 翻向正面，進行疏縫。

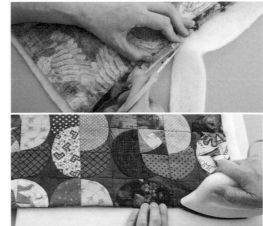

翻開縫份，沿著縫合針目外側約0.3cm處修剪鋪棉。翻向正面，調整形狀，以熨斗壓燙脇邊的布端。

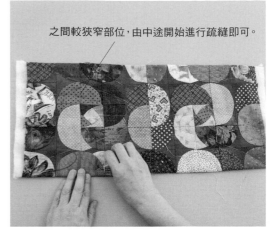

之間較狹窄部位，由中途開始進行疏縫即可。

以珠針固定重點部位，由中心朝向外側，以十字形、對角線、兩者間順序，依序進行疏縫。

6 | 進行壓線。

挑縫3層，進行壓線。慣用手中指套上頂針器，一邊推壓針頭，一邊挑縫2、3針，縫上整齊漂亮的針目。

7 | 沿著脇邊進行捲針縫，將本體縫成袋狀。

正面相對由袋底中心摺疊本體，以珠針固定脇邊。重點是，確實對齊區塊的接縫處。一邊看著正面，一邊對齊接縫處，以珠針固定。

挑縫表布進行捲針縫。縫針平行穿入後挑縫，一邊用力拉緊縫線，一邊進行細密縫合。

8 | 製作袋口布。

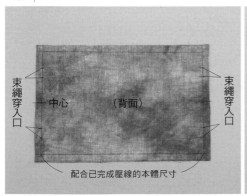

束繩穿入口　中心　（背面）　束繩穿入口

配合已完成壓線的本體尺寸

背面作記號，裁剪2片布片，正面相對疊合2片，車縫脇邊上、下部至束繩穿入口為止。

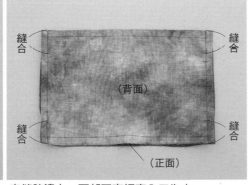

縫合　縫合

（背面）

縫合　縫合

（正面）

中心　中心　縫合　縫合

沿著中心摺疊，以珠針固定，車縫至束繩穿入口為止。

9 | 沿著本體縫合袋口布。

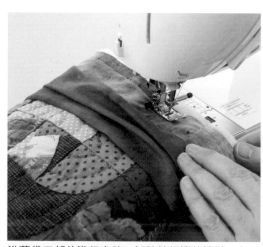

對齊脇邊

將袋口布翻向正面。翻面前，沿著縫合針目，摺疊第二次縫合部位，以手指壓出褶痕。翻向正面，以尖錐挑出角上部位，調整形狀。

穿繩處的記號

以熨斗整燙，描畫穿繩處的記號。

描畫穿繩處記號部位置於內側，正面相對，沿著本體套上袋口布，對齊袋口部位的記號，以珠針固定。

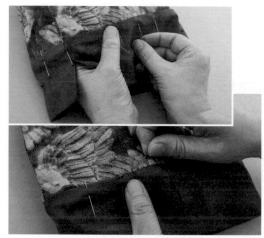

沿著袋口部位進行車縫。卸除縫紉機的機臂，仔細地車縫。

沿著袋口部位，整齊地修剪多餘的鋪棉與用布。

將袋口布翻向正面，以袋口部位的縫合針目為大致基準，摺入縫份，以珠針固定，進行藏針縫。細心縫合，以免縫合針目出現於正面側而影響美觀。

10 | 進行車縫完成穿繩處。

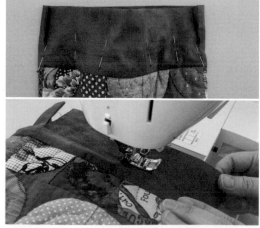

11 | 穿入束繩。

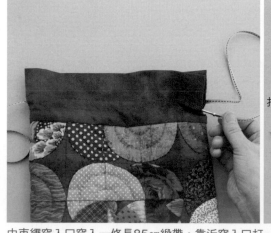

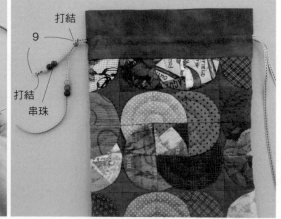

打結

9

打結

串珠

沿著穿繩處，以珠針固定幾處，先車縫下部一整圈，再沿著上部記號進行車縫。

由束繩穿入口穿入一條長85cm緞帶，靠近穿入口打一個結。以相同作法，由另一側穿入口穿入另一條束繩。緞帶尾端穿入3顆串珠，依喜好修剪長度，打結後剪掉多餘部分。

資深設計師的製包創意應用心法
20款包包×7款口袋設計

> 由一個包款延伸的設計點子，
> 利用相同作法，使用紙型不同，
> 就能作出另一個包款的魔法，
> 是我在創作時，
> 發現趣味的製包理念。

Eileen Handcraft
手作言究室

Eileen手作言究室第一本以帆布為素材的手創製包書。從事手作店製包課程商品設計及教學路程十多年，聽從了許多顧客的需求，發現大家對於「自己設計包包」是最有興趣的挑戰，因此有了本書的誕生。

由一個包款延伸的設計點子，利用相同作法，使用紙型不同，就能作出另一個包款，是作者在設計與創作時的製包理念。不愛複雜的花色及花樣，秉持喜愛的簡約風格，Eileen手作言究室利用帆布耐用耐操又有型的特性，收錄20款以帆布進行包款設計及口袋變化的實用作品，從簡單的基本包型，延伸作法製作自己喜愛的日常手作包，即便是入門的初心者，也可上手！

書中貼心教學7款口袋設計，您可隨心所欲地依照自己的需求及分類，在外口袋或內口袋的部分，任意改變自己想要的口袋類型。只要學會一個包包的設計，就能藉由變化，作出更多不同的包包，想要自己設計包包，也能很簡單！

本書收錄基礎包款圖解製作教學及變化包款的作法解說，內附原寸圖案紙型，書中介紹的作法亦附註提醒適合製作的挑戰程度標示，不論是初學者或是稍有程度的進階者，都可在本書找到適合自己製作的作品。

製包是一種生活魔法，能夠為自己或家人好友，設計所需日常機能的設計款帆布包，你也能成為以專屬設計為大家滿載幸福的生活設計師！

20個包款
版型全收錄

內附 2 大張紙型

簡約至上！設計師風格帆布包
手作言究室的製包筆記
Eileen 手作言究室◎著

平裝 128 頁／21cm×26cm／全彩／定價 580 元

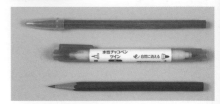

一定要學會の 拼布基本功

基本工具

針

※原寸

- 拼布針
- 壓線針
- 貼布縫針
- 疏縫針
- 珠針

配合用途有各式各樣的針。拼布針為8至9號洋針,壓線針細且短,貼布縫針像絹針一樣細又長,疏縫針則比較粗且長。

線

壓縫用線
疏縫線
拼布線

拼布適用60號的縫線,壓線建議使用上過蠟、有彈性的線。但若想保有柔軟度,也可使用與拼布一樣的線。疏縫線如圖示,分成整捲或整捆兩種包裝。

記號筆

一般是使用2B鉛筆。深色布以亮色系的工藝用鉛筆或色鉛筆作記號,會比較容易看見。氣消筆或水消筆在描畫壓線線條時很好用。

頂針器

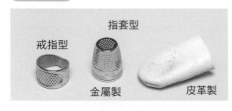

指套型
戒指型
金屬製
皮革製

平針縫與壓線時的必備工具。一旦熟練使用,縫出的針趾就會漂亮工整。戒指型主要用於平針縫,金屬或皮革製的指套則用於壓線。

壓線框

繡框的放大版。壓線時將布框入撐開。直徑30至40cm是好用的尺寸。

拼布用語

◆圖案(Pattern)◆

拼縫三角形或四角形的布片,展現幾何學圖形設計。依圖形而有不同名稱。

◆布片(Piece)◆

組合圖案用的三角形或四角形等的布片。以平針縫縫合布片稱為「拼縫」(Piecing)。

◆區塊(Block)◆

由數片布片縫合而成。有時也指完成的圖案。

◆表布(Top)◆

尚未壓線的表層布。

◆鋪棉◆

夾在表布與底布之間的平面棉襯。適用密度緊實的薄鋪棉。

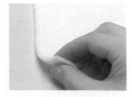

◆底布◆

鋪棉的底布。夾在表布與底布之間。適用織目疏鬆、針容易穿過的材質。薄布會讓壓線的陰影無法漂亮呈現於表層,並不適合。

◆貼布縫◆

另外縫合上其他的布。主要是使用立針縫(參照P.83)。

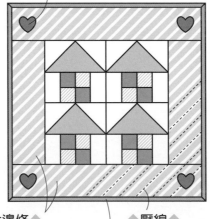

◆大邊條◆

接縫在由數個圖案縫合的表布邊緣的布。

◆壓線◆

重疊表布、鋪棉與底布,壓縫3層。

◆包邊◆

以斜紋布條包覆完成壓線的拼布周圍或包包的袋口縫份。

◆壓線線條◆

在壓線位置所作的記號。

主要步驟

製作布片的紙型。

↓

使用紙型在布上作記號後裁布,準備布片。

↓

拼縫布片,製作表布。

↓

在表布描畫壓線線條。

↓

重疊表布、鋪棉、底布進行疏縫。

↓

進行壓線。

↓

包覆四周縫份,進行包邊。

拼縫前準備工作

下水

新買的布在縫製前要水洗。即使是統一使用相同材質的布拼縫，由於縮水狀況不一，有時作品完成下水仍舊出現皺縮問題。此外，以水洗掉新布的漿，會更好穿縫，且能預防褪色。大片布就由洗衣機代勞，洗後在未完全乾燥時，一邊整理布紋，一邊以熨斗整燙。

關於布紋

原寸紙型上的箭頭所指方向代表布紋。布紋是指直橫交織而成的紋路。直橫正確交織，布就不會歪斜。而拼布不同於一般裁縫，布紋要對齊直布紋或橫布紋任一方都OK。斜紋是指斜向的布紋。與直布紋或橫布紋呈45度的稱為正斜向。

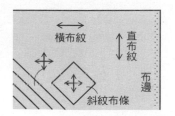

製作紙型

將製好圖的紙，或是自書本複印下來的圖案，以膠水黏貼在厚紙板上。膠水最好挑選不會讓紙起皺的紙用膠水。接著以剪刀沿著線條剪開，註明所需數量、布紋，並視需要加上合印記號。

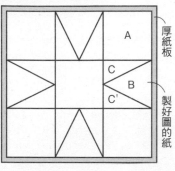
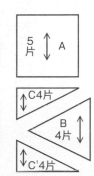

厚紙板
製好圖的紙
5片 A
C4片
B 4片
C'4片

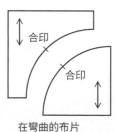
合印
合印
在彎曲的布片加上合印記號

作上記號後裁剪布片

紙型置於布的背面，以鉛筆作上記號。在貼上砂紙的裁布墊上作記號，布比較不會滑動。縫份約為0.7cm，不必作記號，目測即可。

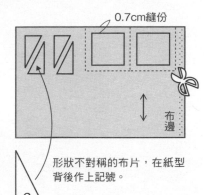
0.7cm縫份
布邊

形狀不對稱的布片，在紙型背後作上記號。
C

拼縫布片

◆始縫結◆

縫前打的結。手握針，縫線繞針2、3圈，拇指按住線，將針向上拉出。

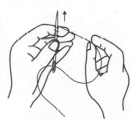

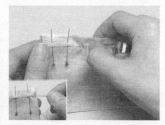

1 2片布正面相對，以珠針固定，自珠針前0.5cm處起針。

2 進行回針縫，手指確實壓好布片避免歪斜。

3 以手指稍微整理縫線，避免布片縮得太緊。

4 在止縫處回針，並打結。留下約0.6cm縫份後，裁剪多餘布片。

◆止縫結◆

縫畢，將針放在線最後穿出的位置，繞針2、3圈，拇指按住線，將針向上拉出。

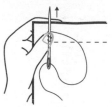

◆分割縫法◆

②
①

直線方向由布端縫到布端時，分割成帶狀拼縫。

◆鑲嵌縫法◆

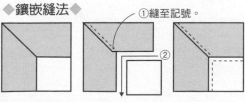
①縫至記號。
②

無法使用直線的分割縫法時，在記號處止縫，再嵌入布片縫合。

各式平針縫

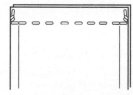
由布端到布端
兩端都是分割縫法時。

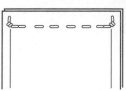
由記號縫至記號
兩端都是鑲嵌縫法時。

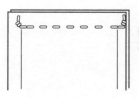
由布端縫至記號
縫至記號側變成鑲嵌縫法時。

縫份倒向

縫份不熨開而倒向單側。朝著要倒下的那一側，在針趾向內1針的位置摺疊縫份，以指尖往下按壓。

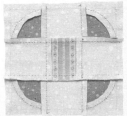
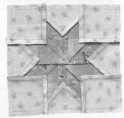

基本上，縫份是倒向想要強調的那一側，彎曲形則順其自然的倒下。其他還有全部朝同一方向倒下，或是倒向外側等，各式各樣的倒向方法。碰到像檸檬星（右）這種布片聚集在中心的狀況，就將菱形布片兩兩縫合成縫份倒向同一個方向的區塊，整合成上下的帶狀布後，再彼此縫合。

描畫壓線線條，進行疏縫

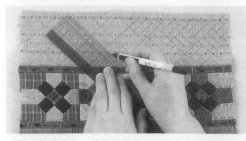

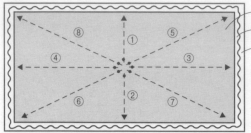

表布（正面）
鋪棉
底布（背面）

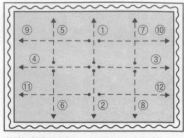

以熨斗整燙表布，使縫份固定。接著在表面描畫壓線記號。若是以鉛筆作記號，記得不要畫太黑。在畫格子或條紋線時，使用上面有平行線及方眼格線的尺會很方便。

準備稍大於表布的底布與鋪棉，依底布、鋪棉、表布的順序重疊，以手撫平，再以珠針重點固定。由中心向外側進行疏縫。上圖是放射狀疏縫的例子。

格狀疏縫的例子。適用拼布小物等。

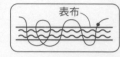

止縫作一針回針縫，不打止縫結，直接剪掉線。

壓線

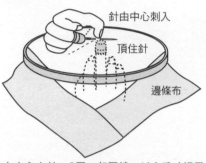

針由中心刺入
頂住針
邊條布

由中心向外，3層一起壓線。以右手（慣用手）的頂針指套壓住針頭，一邊推針一邊穿縫。左手（承接手）的頂針指套由下方頂住針。使用拼布框作業時，當周圍接縫邊條布，就要刺到布端。

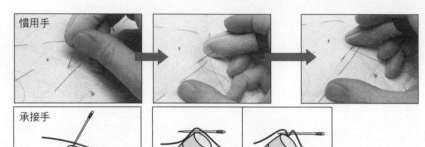

慣用手
承接手

針由上刺入，以指套頂住。→以指套將布往往上提，在指套邊作出一個山形，再以慣用手的指套推針，貫穿山腰。→以指套往左錯開，製造下個一山形，再依同樣方式穿縫。

每穿縫2、3針，就以指套壓住針後穿出。

止縫結　鋪棉　表布
底布　止縫結

從稍偏離起針的位置入針，將始縫結拉至鋪棉內，縫一針回針縫，止縫也要縫一針回針縫，將止縫結拉至鋪棉內藏起來。

包邊

畫框式滾邊

所謂畫框式滾邊，就是以斜紋布條包覆拼布四周時，將邊角處理成及畫框邊角一樣的形狀。

斜紋布條作法

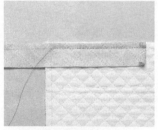

1 在正面描畫四周的完成線。斜紋布條正面相對疊放在拼布上，對齊斜紋布條的縫線記號與完成線，以珠針固定，縫到邊角的記號，在記號縫一針回針縫。

2 針線暫放一旁，斜紋布條摺疊成45度（當拼布的角是直角時）。重要的是，確實沿記號邊摺疊成與下一邊平行。

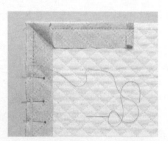

3 斜紋布條沿著下一邊摺疊，以珠針固定記號。邊角如圖示形成一個褶子。在記號上出針，再次從邊角的記號開始縫。

4 布條在始縫時先摺1cm。縫完一圈後，布條與摺疊的部分重疊約1cm後剪斷。

5 縫份修剪成與包邊的寬度，布條反摺，以立針縫縫合於底布。以布條的針趾為準，抓齊滾邊的寬度。

6 邊角整理成布條摺入重疊45度。重疊處縫一針回針縫變得更牢固。漂亮的邊角就完成了！

◆量少時◆

縫份錯開的部分
（背面）　（正面）

必須是包邊寬度的4倍
45度

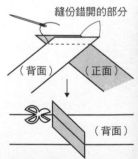

（背面）

布摺疊成45度，畫出所需寬度。1cm寬的包邊需要4cm、0.8cm寬要3.5cm、0.7cm寬要3cm。包邊寬度愈細，加上布的厚度要預留寬一點。

接縫布條時，兩片正面相對，以細針目的平針縫縫合。熨開縫份，剪掉露出外側的部分。

◆量多時◆

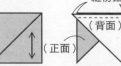
縫份錯開的部分
（背面）
（正面）

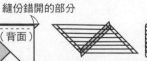

布裁成正方形，沿對角線剪開。

裁開的布正面相對重疊並以車縫縫合。

熨開縫份，沿布端畫上需要的寬度。另一邊的布端與畫線記號錯開一層，正面相對縫合。以剪刀沿著記號剪開，就變成一長條的斜紋布。

拼布包縫份處理

A 以底布包覆

側面正面相對縫合，僅一邊的底布留長一點，修齊縫份。接著以預留的底布包覆縫份，以立針縫縫合。

B 進行包邊（外包邊的作法相同）

適合彎弧部分的處理方式。兩片正面相對疊合（外包邊是背面相對），疏縫固定，斜紋布條正面相對，進行平針縫。

修齊縫份，以斜紋布條包覆進行立針縫，即使是較厚的縫份也能整齊收邊。斜紋布條若是與底布同一塊布，就不會太醒目。

C 接合整理

處理後縫份不會出現厚度，可使作品平坦而不會有突起的情形。以脇邊接縫側面時，自脇邊留下2、3cm的壓線，僅表布正面相對縫合，縫份倒向單側。鋪棉接合以粗針目的捲針縫縫合，底布以藏針縫縫合。最後完成壓線。

貼布縫作法

方法A（摺疊縫份以藏針縫縫合）
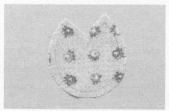 

在布的正面作記號，加上0.3至0.5cm的縫份後裁布。在凹處或彎弧處剪牙口，但不要剪太深以免綻線，大約剪到距記號0.1cm的位置。接著疊放在土台布上，沿著記號以針尖摺疊縫份，以立針縫縫合。

方法B（作好形狀再與土台布縫合）
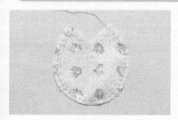 

在布的背面作記號，與A一樣裁布。平針縫彎弧處的縫份。始縫結打大一點以免鬆脫。接著將紙型放在背面，拉緊縫線，以熨斗整燙，也摺好直線部分的縫份。線不動，抽掉紙型，以藏針縫縫合於土台布上。

基本縫法

◆ 平針縫 ◆

◆ 回針縫 ◆

◆ 立針縫 ◆

◆ 星止縫 ◆
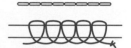

◆ 捲針縫 ◆
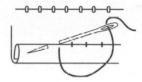

◆ 梯形縫 ◆
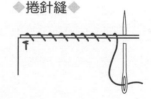

兩端的布交替，針趾與布端呈平行的挑縫

安裝拉鍊

從背面安裝
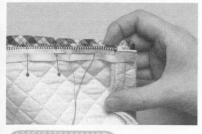

對齊包邊端與拉鍊的鍊齒，以星止縫縫合，以免針趾露出正面。以拉鍊的布帶為基準就能筆直縫合。
※縫合脇邊再裝拉鍊時，將拉鍊下止部分置於脇邊向內1cm，就能順利安裝。

從正面安裝

同上，放上拉鍊，從表側在包邊的邊緣以星止縫縫合。縫線與表布同顏色就不會太醒目。因為穿縫到背面，會更牢固。背面的針趾還可以裡袋遮住。

拉鍊布端可以千鳥縫或立針縫縫合。

包邊繩作法

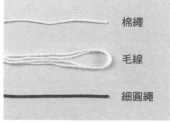
棉繩
毛線
細圓繩

以斜紋布條將芯包住。若想要鼓鼓的效果就以毛線當芯，或希望結實一點就以棉繩或細圓繩製作。棉繩與細圓繩是以用斜紋布條邊夾邊縫合，毛線則是斜紋布條縫合成所需寬度後再穿。

◆ 棉繩或細圓繩 ◆

◆ 毛線 ◆

縫合側面或底部時，先暫時固定於單側，再壓緊一邊將另一邊包邊繩縫合固定。始縫與止縫平緩向下重疊。

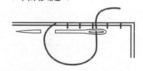

作品紙型＆作法

＊圖圖中的單位為cm。
＊圖中的①②為紙型號碼。
＊完成作品的尺寸多少會與圖稿的尺寸有所差距。
＊關於縫份，原則上布片為0.7cm、貼布縫為0.3至0.5cm，其餘則預留1cm後進行裁剪。
＊附註為原寸裁剪標示時，不留縫份，直接裁剪。
＊製作作品時，請一併參考P.64至P.67。
＊刺繡方法請參照P.103。
＊六角形拼接（祖母花園）方法請參照P.45。

P5 No.4 壁飾

◆材料
各式拼接、貼布縫用布片 台布60×75cm B、C用布15×75cm
D、E用布110×50cm（包含滾邊部分） 鋪棉、胚布各80×100
cm

◆作法順序
拼接A布片，完成貼布縫主題圖案→接縫台布與B至E布片，進行
貼布縫，完成表布→疊合鋪棉、胚布，進行壓線→進行周圍滾邊
（請參照P.66）→完成滾邊部位的貼布縫，進行壓線。

◆作法重點
○貼布縫底下的台布，預留縫份之後進行裁布。

完成尺寸 88×69.5cm

原寸壓線圖案

原寸紙型

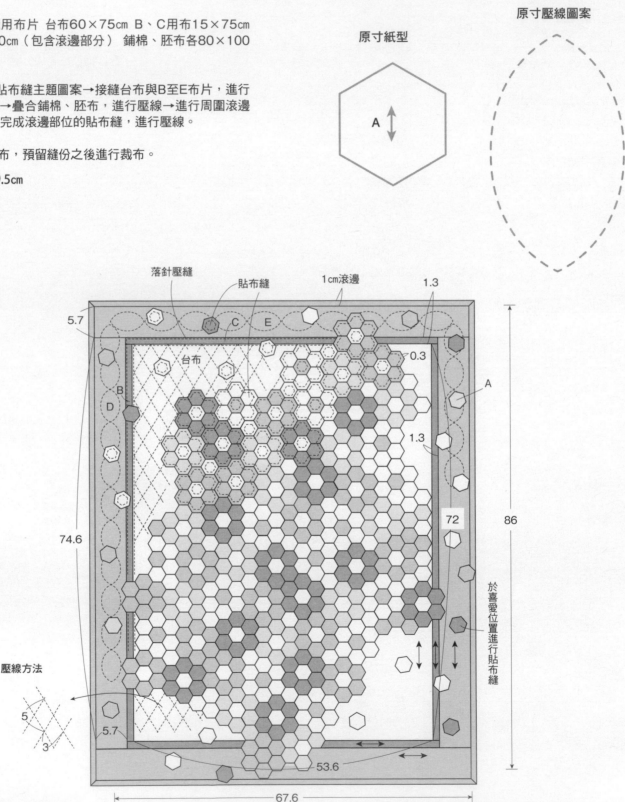

◆材料

各式拼接、貼布縫用布片 F用白色素布80×70cm（包含A布片部分）
G・H用布50×90cm（包含D至E'布片部分）J・I用布110×70cm（包含B、C布片部分）鋪棉、胚布各110×110cm 滾邊用寬3.5cm斜布條420cm 白玉拼布用毛線適量

◆作法順序

拼接7片A布片，完成40片「祖母花園」主題圖案，接縫A至E'布片→周圍接縫F至J布片，完成表布→拼接a布片，完成主題圖案，於邊飾的喜愛位置進行貼布縫→疊合鋪棉與胚布，進行壓線→G、H布片的壓線模樣穿入毛線至填滿蓬起，完成白玉拼布→進行周圍滾邊（請參照P.66）。

完成尺寸　102.5×103.5cm

區塊的彙整方法

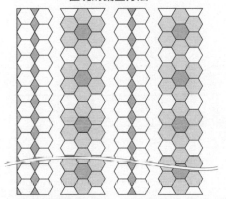

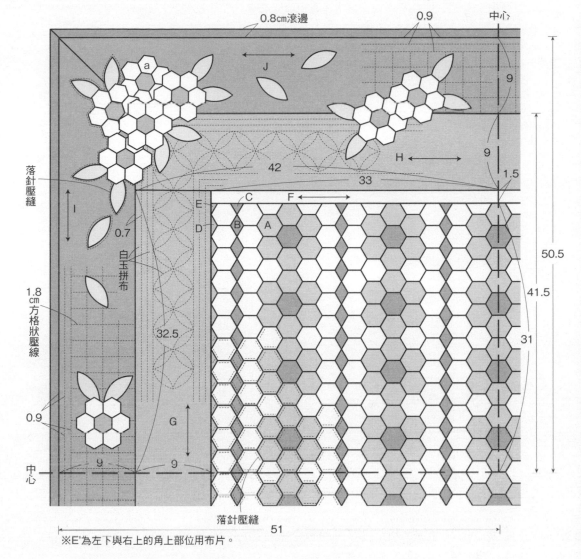

※E'為左下與右上的角上部位用布片。

◆材料

各式拼接用布片 後片用布70×50cm 鋪棉、胚布各50×50cm

◆作法順序

拼接A布片，完成前片表布→疊合鋪棉與胚布，進行壓線→製作後片→依圖示完成縫製。

◆作法重點

○拼接7片A布片，完成21片「祖母花園」主題圖案，進行接縫、壓線之後，完成尺寸45×45cm，加上縫份，進行修剪。

完成尺寸　45×45cm

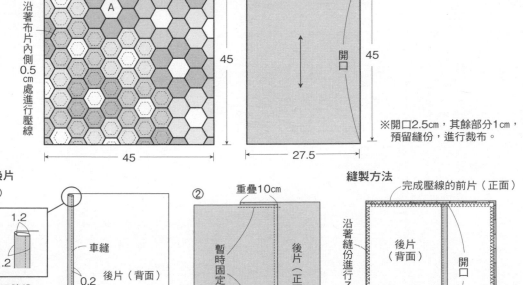

前片　邊長3cm的正六角形　後片（2片）

沿著布片內側0.5cm處進行壓線

45　45

45　27.5

※開口2.5cm，其餘部分1cm，預留縫份，進行裁布。

原寸紙型
A

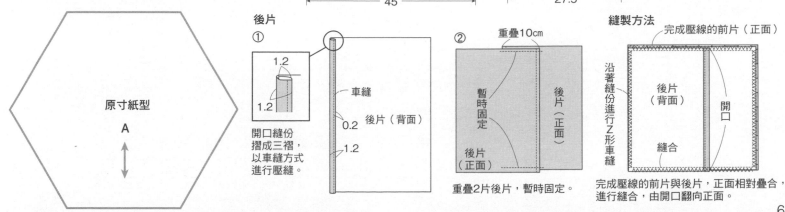

後片
①

開口縫份摺成三褶，以車縫方式進行壓線。

1.2　1.2　1.2　0.2

車縫
後片（背面）

②　重疊10cm

暫時固定

後片（背面）　後片（正面）

後片（正面）

重疊2片後片，暫時固定。

縫製方法

完成壓線的前片（正面）

沿著縫份進行Z形車縫

後片（背面）

開口　縫合

完成壓線的前片與後片，正面相對疊合，進行縫合，由開口翻向正面。

69

No.7 壁飾 ●紙型A面❿（原寸壓線圖案）

◆材料

各式拼接用布片 E・G用布15×185cm
F用布35×185cm（包含H布片、滾邊
部分） I用布35×185cm（包含滾邊部
分） 鋪棉、胚布各85×380cm 白玉拼
布用毛線適量

◆作法順序

拼接A至D布片→上、下接縫E與F布片
→左右接縫G至I布片→疊合鋪棉與胚
布，進行壓線→完成白玉拼布→進行周
圍滾邊（請參照P.66）。

完成尺寸　180×150cm

原寸紙型

C B

A

D

白玉拼布

（背面）

穿入毛線至穿入部位蓬起為止。

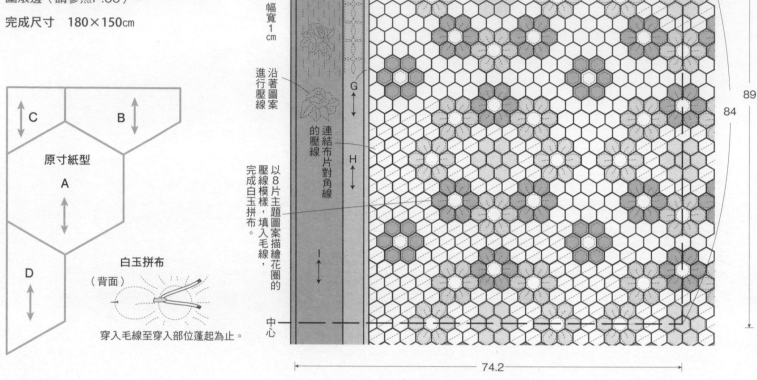

No.23 壁飾 ●紙型A面❼（原寸壓線、貼布縫、刺繡圖案）

◆材料

㋑用布15×15cm ㋦用白色素布30×30cm（包含㋩
用布部分） ㋟用布2種各20×20cm 台布35×35cm
A、B用布10×30cm　C、D用布40×25cm 單膠鋪
棉、裡布各45×45cm 滾邊用寬3.5cm 斜布條160
cm 直徑0.5cm 附鈕腳眼睛用鈕釦8顆 8號繡線適量

◆作法順序

台布進行貼布縫，縫上㋑至㋩用布→黏貼鋪棉，進
行壓線→疊合裡布，進行周圍滾邊（請參照
P.66）。

◆作法重點

○㋑的貼布縫用布，裁剪成直徑13cm。
○於喜愛位置進行刺繡。

完成尺寸　39×39cm

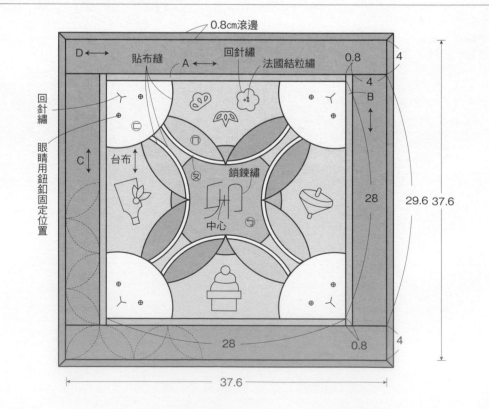

◆材料
各式拼接、貼布縫用布片 B、C用布2種
各110×100cm 台布用格紋布110×380
cm 邊飾用布110×70cm 鋪棉、胚布各
100×310cm 白玉拼布用毛線適量

◆作法順序
以紙襯輔助法拼接A布片，完成19片一組
的主題圖案，共製作32片→主題圖案接
縫B與C布片→台布進行貼布縫→以紙襯
輔助法拼接A與D布片，完成邊飾，進行
貼布縫→疊合鋪棉與胚布，進行壓線（外
側預留5至6cm）→處理周圍，完成預留
部分的壓線→進行白玉拼布→於喜愛位置
進行貼布縫縫上英文字。

◆作法重點
○主題圖案中心以外部分的壓線模樣，皆
　進行白玉拼布。

完成尺寸　182.5×148cm

周圍的處理方法

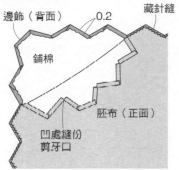

稍微靠近邊飾邊緣內側，修剪鋪棉，
摺入胚布周圍縫份，進行藏針縫。

壓線變化作法
※進行白玉拼布完成模樣。

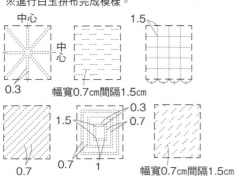

於喜愛位置進行貼布縫，
縫上喜愛的英文字。

方格內分別壓線
完成不同的模樣

沿著台布的方格
進行寬0.2cm壓線

落針壓縫

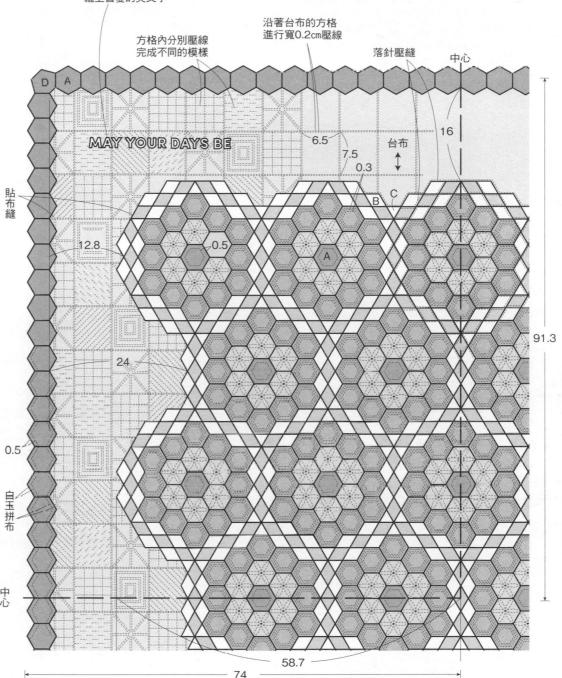

MAY YOUR DAYS BE

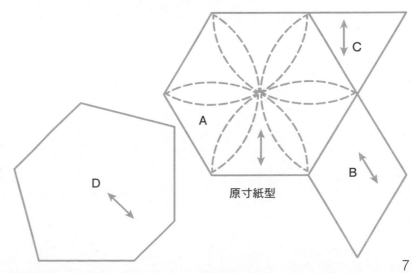

原寸紙型

◆材料

各式拼接用布片 B、C用布65×185cm 滾邊用寬4cm 斜布條680cm
鋪棉、胚布各90×370cm

◆作法順序

拼接A布片（請參照P.21）→接縫B、C布片，進行A布片貼布縫，完
成表布→疊合鋪棉、胚布，進行壓線→進行周圍滾邊（請參照
P.66）。

完成尺寸　176.5×160.5cm

原寸紙型

壓線方法

落針壓縫

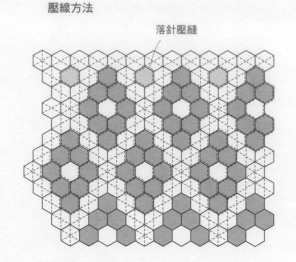

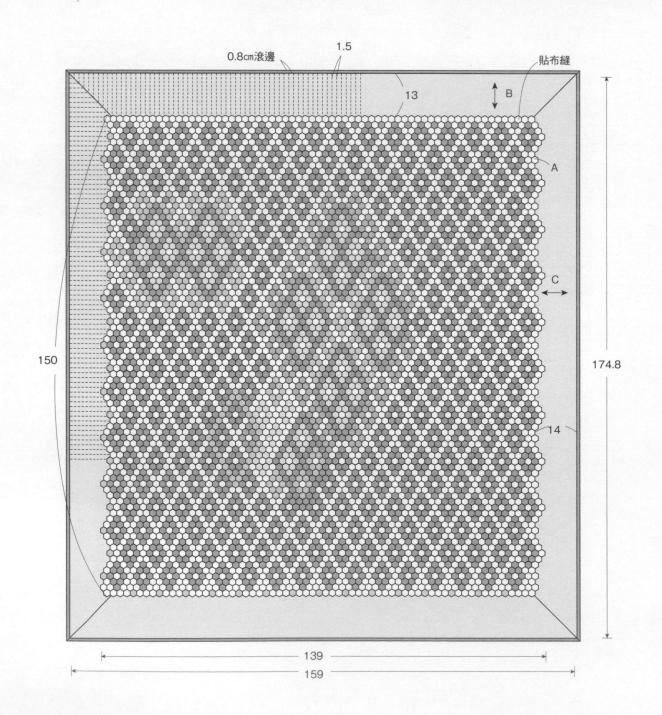

72

◆材料
各式拼接用布片 側身用布50×40cm（包含提把部分） 滾邊用寬3.5cm 斜布條270cm
單膠鋪棉70×30cm 胚布50×30cm 長30cm 拉鍊1條 寬2.5cm 織帶15cm

◆作法順序
拼接A布片，完成2片袋身表布→黏貼鋪棉，疊合胚布，進行壓線→製作側身上部，與
側身下部接縫成圈→製作提把→依圖示完成縫製。

完成尺寸 14.5×21.5cm

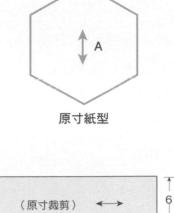

原寸紙型

A

袋身（2片）　提把接縫位置
中心
0.5　　5　　　5

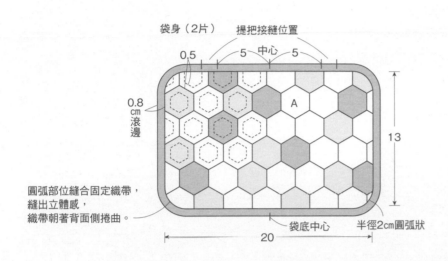

0.8cm滾邊

13

圓弧部位縫合固定織帶，
縫出立體感，
織帶朝著背面側捲曲。

袋底中心　半徑2cm圓弧狀

20

提把
（2片）

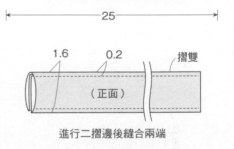

（原寸裁剪）←→　6

25

1.6　0.2　摺雙

（正面）

進行二摺邊後縫合兩端

側身上部
（2片）
中心

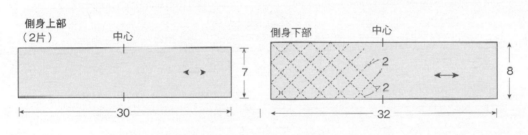

7

30

側身下部
中心

8

32

側身上部　　拉鍊（正面）　摺雙側

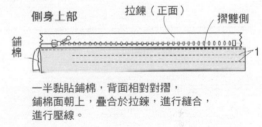

鋪棉　　1

一半黏貼鋪棉，背面相對對摺，
鋪棉面朝上，疊合於拉鍊，進行縫合，
進行壓線。

縫製方法
① 側身上部（正面）

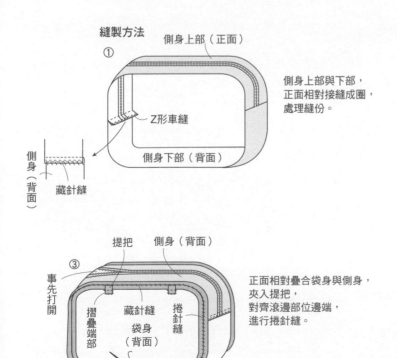

Z形車縫
側身下部（背面）

側身（背面）
藏針縫

側身上部與下部，
正面相對接縫成圈，
處理縫份。

0.8cm滾邊
②

沿著側身周圍進行滾邊

提把　側身（背面）
③
事先打開
摺疊端部　藏針縫　捲針縫
袋身（背面）

正面相對疊合袋身與側身，
夾入提把，
對齊滾邊部位邊端，
進行捲針縫。

④

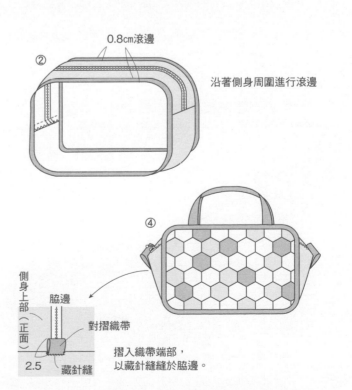

側身上部（正面）　脇邊　對摺織帶

2.5　藏針縫

摺入織帶端部，
以藏針縫縫於脇邊。

No.15 地毯

◆材料
各式拼接用布片 滾邊用寬4cm斜布條350cm 鋪棉、胚布各85×40cm
◆作法順序
拼接A布片，完成表布→疊合鋪棉、胚布，進行壓線→進行周圍滾邊。
◆作法重點
○拼接25片布片，完成20個區塊，之間加入布片，由中央開始進行接縫。

完成尺寸 79×131.5cm

原寸紙型

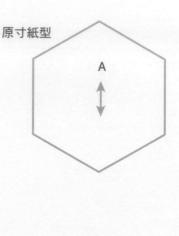

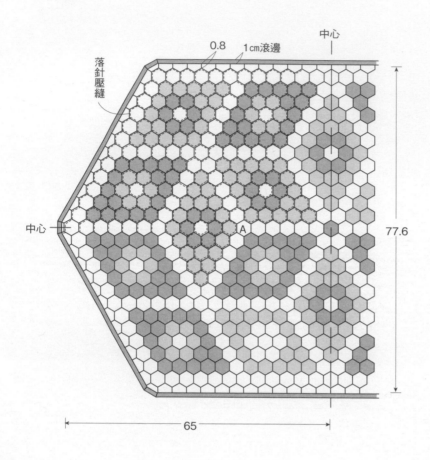

彙整方法

No.48 防塵罩 ●紙型A面❹（A與B布片原寸紙型&壓線圖案）

◆材料
各式貼布縫用布片 C用布25×25cm D用布2種各25×10cm
E用布40×15cm 鋪棉、胚布各35×40cm
◆作法順序
拼接A布片，進行貼布縫縫上B布片，完成圖案→C布片進行貼布縫，
縫上圖案，接縫D與E布片，完成表布→依圖示完成縫製。
◆作法重點
○疊合貼布縫的C布片進行修剪。

① 縫製方法

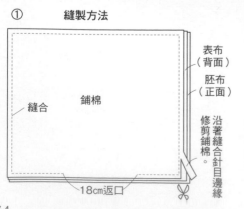

②

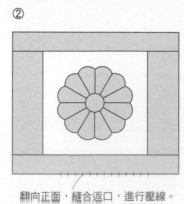

翻向正面，縫合返口，進行壓線。

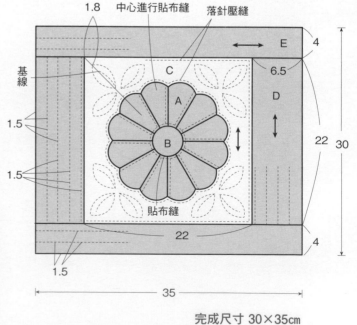

完成尺寸 30×35cm

◆材料
各式拼接用布片　米黃色素布100×240cm　B、C用布55×160cm
鋪棉、胚布各100×250cm　直徑0.3cm　繩帶580cm　毛線、棉花各
適量

◆作法順序
拼接A布片，接縫B、C布片，完成表布→疊合鋪棉與胚布，進行
壓線→處理邊緣→B、C布片進行白玉拼布，壓線模樣穿入毛線。

完成尺寸　151×135cm

原寸紙型

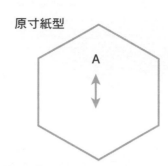

摺雙

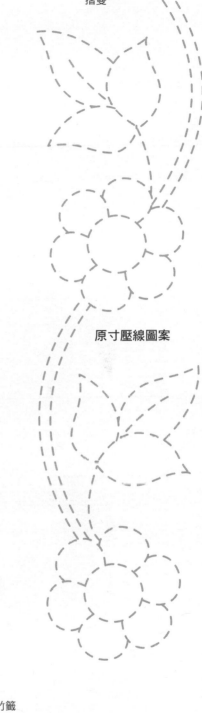

原寸壓線圖案

中心　白玉拼布　壓線圖案穿入毛線　1.5　10

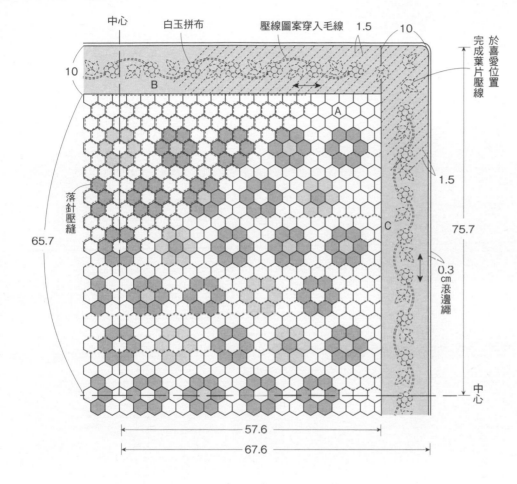

於喜愛位置
完成葉片壓線

10

B

A

落針壓縫

65.7

C

1.5

75.7

0.3cm滾邊繩

中心

57.6

67.6

處理邊緣用斜布條作法

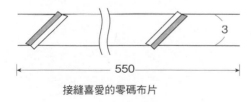

3

550

接縫喜愛的零碼布片

壓線圖案穿入毛線方法

胚布（正面）

毛線

由胚布側穿入毛線

白玉拼布

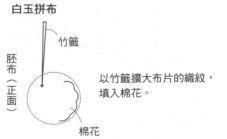

竹籤

胚布（正面）

以竹籤擴大布片的織紋，
填入棉花。

棉花

邊緣的處理方法

①

斜布條（背面）

本體（正面）

本體正面相對
疊合斜布條，
進行縫合。

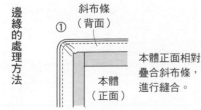

---

②

斜布條（正面）

繩帶

本體（背面）

夾入繩帶，
朝著本體（背面）
反摺斜布條，暫時固定。

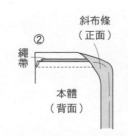

處理背面用斜布條（正面）

③

1.8

本體（背面）

處理背面用斜布條，
摺疊兩邊端縫份，
疊合於斜布條，
進行藏針縫。

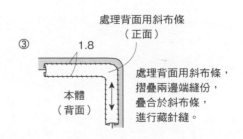

◆材料
各式拼接用布片（包含C‧H布片、滾邊、包釦部分）B、E用布55×35cm F用布25×15cm G用布50×30cm 裡袋用布90×50cm 鋪棉、胚布各100×60cm 厚接著襯90×15cm 直徑1.5cm 包釦心 2顆 寬1.7cm 蕾絲80cm 長51cm 提把1組

◆作法順序
拼接A布片，進行B、C布片貼布縫，完成表布→拼接D布片，完成後片表布→疊合鋪棉與胚布，進行壓線→側身（表布背面黏貼接著襯）與口袋（拼接H與G布片），同樣進行壓線，進行袋口滾邊→縫上蕾絲與包釦→依圖示完成縫製。

◆作法重點
○完成內底放入底部，手提袋更加牢固。

完成尺寸　29.5×27.5cm

原寸紙型

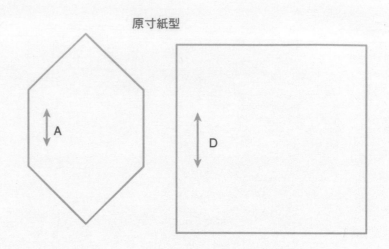

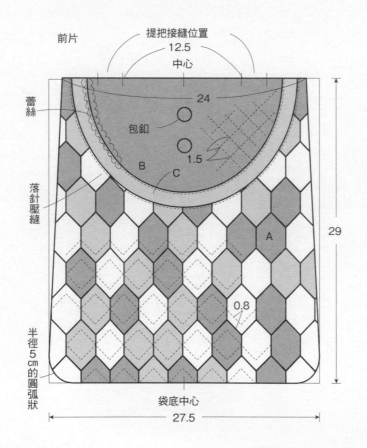

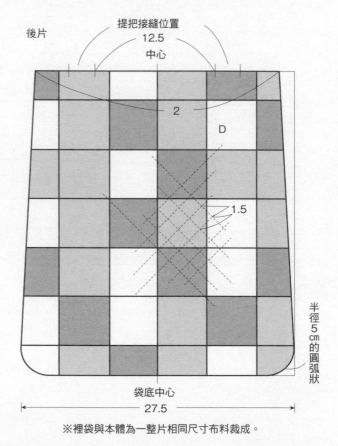

※裡袋與本體為一整片相同尺寸布料裁成。

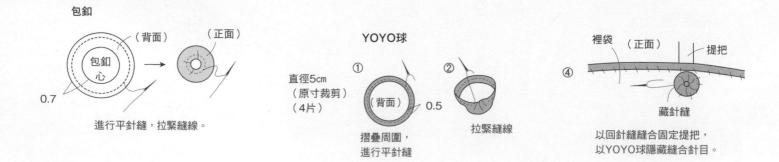

提把

滾邊

口袋

前片表布

①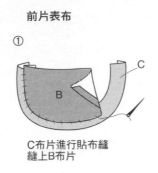

C布片進行貼布縫
縫上B布片

②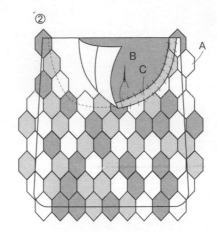

A

B

C

拼接A布片，
以貼布縫縫上①。

縫製方法

①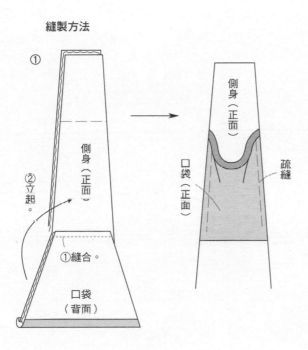

側身（正面）

②立起。

①縫合。

口袋（背面）

側身（正面）

（正面）口袋

疏縫

側身

5

口袋
接縫位置

E

41.5

7　1.6

F

黏貼接著襯
進行車縫

11.5

袋底中心
摺雙

11

②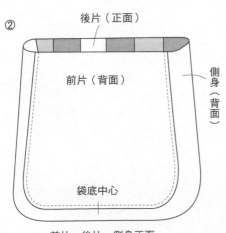

後片（正面）

前片（背面）

側身（背面）

袋底中心

前片、後片、側身正面
相對疊合，進行縫合。

③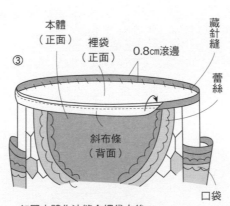

本體（正面）

裡袋（正面）

0.8cm滾邊

藏針縫

蕾絲

斜布條（背面）

口袋

如同本體作法縫合裡袋之後，
放入本體內側，沿著袋口進行滾邊。

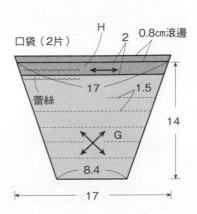

口袋（2片）

H　2　0.8cm滾邊

17　1.5

蕾絲

14

G

8.4

17

◆材料
各式拼接、貼布縫用布片 D用布110×110cm（包含滾邊部分） 鋪棉100×145cm 胚布110×120cm
寬0.2cm 織帶440cm 25號繡線適量

◆作法順序
9片台布分別進行貼布縫與刺繡→拼接A至C布片完成帶狀區塊，進行接縫→周圍接縫接縫D布片，進行貼
布縫與刺繡，完成表布→疊合鋪棉與胚布，進行壓線→進行周圍滾邊→縫合固定織帶。

完成尺寸 105×105cm

※此為連載作品，本期未刊載9片花朵原寸圖案（2022年春季號至秋季號連載）。

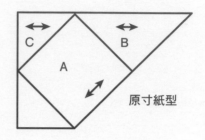

原寸紙型

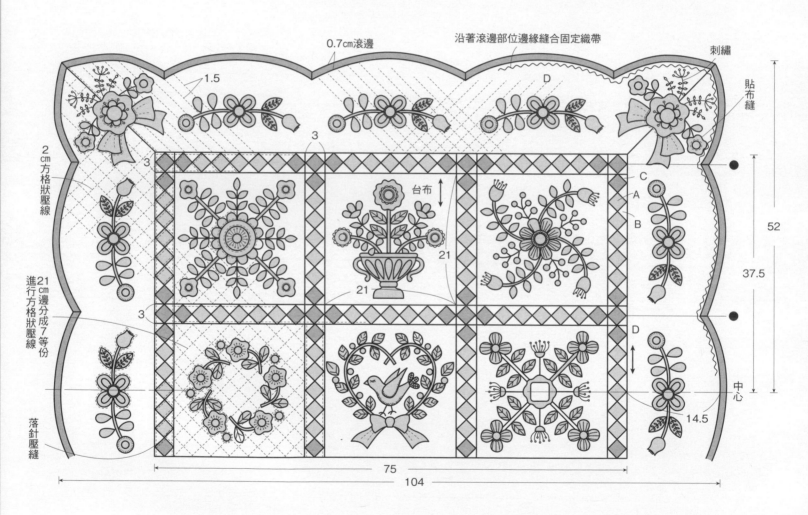

◆材料

No.16 各式拼接用布片 袋底用布25×20cm 提把用布30×25cm 鋪棉100×35cm
胚布100×35cm（包含內底、補強片部分） 滾邊用寬3.5cm 斜布條85cm 厚接著襯
35×20cm 薄接著襯25×15cm

◆作法順序

No.16 拼接A布片，完成2片袋身表布→袋身與袋底分別疊合鋪棉與胚布（袋底胚
布黏貼原寸裁剪的厚接著襯），進行壓線（袋底進行車縫壓線）→製作提把 ，依圖
示完成縫製。

原寸紙型

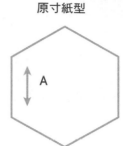

A

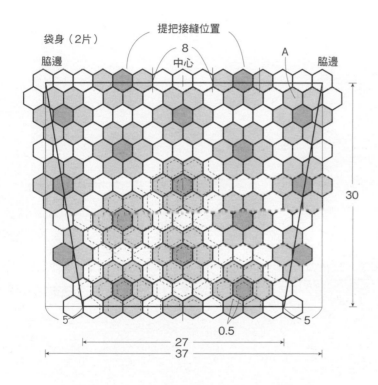

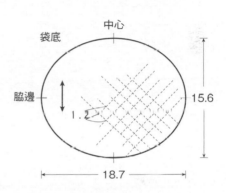

提把

完成尺寸　30.5×37cm

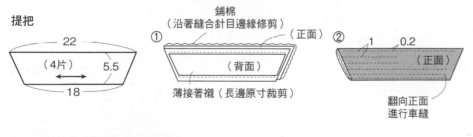

鋪棉
（沿著縫合針目邊緣修剪）

① （正面）

（背面）

薄接著襯（長邊原寸裁剪）

② 1　0.2

（正面）

翻向正面
進行車縫

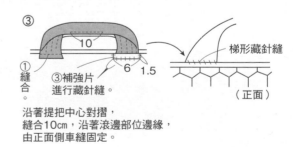

③

10

梯形藏針縫

（正面）

①縫合。
③補強片
進行藏針縫。

6　1.5

沿著提把中心對摺，
縫合10cm，沿著滾邊部位邊緣，
由正面側車縫固定。

縫製方法

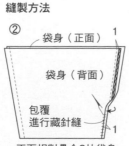

② 袋身（正面）　1

袋身（背面）

包覆
進行藏針縫

1

正面相對疊合2片袋身，
縫合脇邊，以其中一側
胚布包覆。

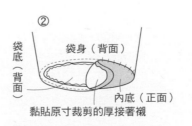

②

袋身（背面）

袋底（背面）

內底（正面）

黏貼原寸裁剪的厚接著襯

正面相對疊合袋身與袋底，進行縫合，
製作內底，進行藏針縫。

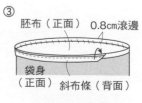

③

胚布（正面）　0.8cm滾邊

袋身（正面）　斜布條（背面）

以斜布條包覆袋口

◆材料
各式拼接用布片 台布用綠色素布100×50cm（包含後片部分） 鋪棉、胚布各50×50cm 滾邊繩用寬3cm
天鵝絨、直徑0.2cm 繩帶各150cm 棉花適量
◆作法順序
以紙襯輔助法拼接A布片，台布進行貼布縫，完成前片表布（參照圖）→疊合鋪棉與胚布，進行壓線→
依圖示完成縫製。

完成尺寸　43×44cm

原寸紙型

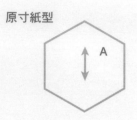

前片

①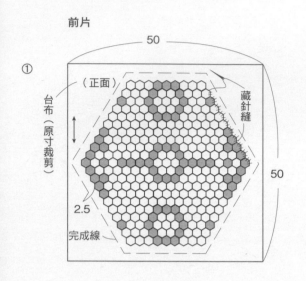

②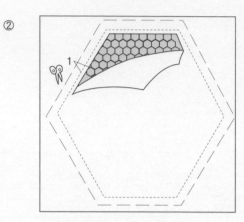

修剪台布背面側

滾邊繩

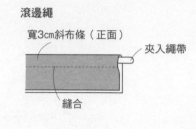

縫製方法

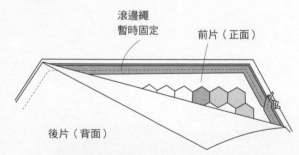

完成壓線的前片與後片，
預留縫份，裁成八角形，夾入滾邊繩，
正面相對疊合裡布，預留返口，縫合周圍。
翻向正面，塞入棉花，縫合返口。

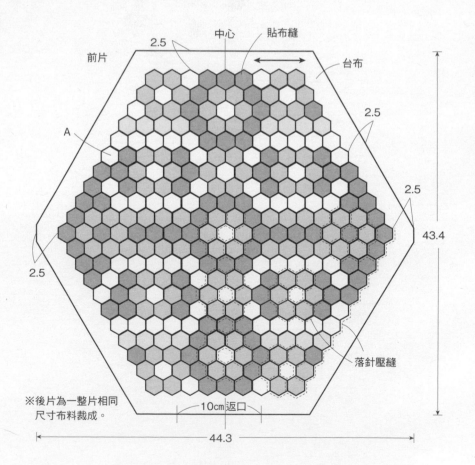

※後片為一整片相同
尺寸布料裁成。

No.12 室內地毯

◆材料
各式拼接、貼布縫用布片 B用布40×60cm
鋪棉、胚布各100×70cm 滾邊用寬6cm 斜
布條300cm 25號繡線適量

◆作法順序
拼接A布片，完成2個區塊→B布片進行貼
布縫，左右接縫區塊部分，完成表布→進
行刺繡→疊合鋪棉與胚布，進行壓線→進
行周圍滾邊（請參照P.66）。

完成尺寸　56×86cm

原寸紙型
A

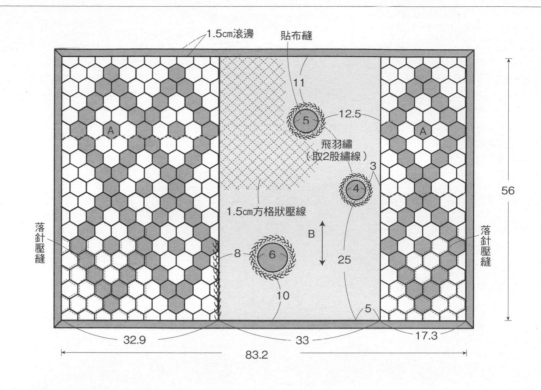

1.5cm滾邊　貼布縫
11
5　12.5
飛羽繡
（取2股繡線）
3
4
1.5cm方格狀壓線
B
56
落針壓縫　8　6　25
10
落針壓縫
5
32.9　33　17.3
83.2

No.13 抱枕

◆材料
各式拼接、貼布縫用布片 B用布20×45cm
後片用布50×45cm 鋪棉、胚布各45×45cm
滾邊用寬4cm 斜布條170cm 長36cm 拉鍊1條
25號繡線適量

◆作法順序
拼接A布片，完成區塊→B布片進行貼布縫，
接縫區塊，完成表布→進行刺繡→疊合鋪棉
與胚布，進行壓線→製作後片→背面相對疊
合前片與後片，進行縫合，進行周圍滾邊。

完成尺寸　40×40cm

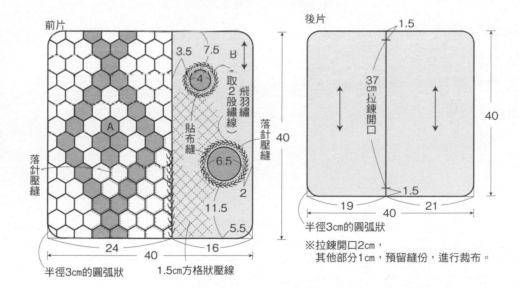

前片　後片
3.5　7.5　1.5
B
4
飛羽繡（取2股繡線）
貼布縫
A　40
落針壓縫　6.5
2
11.5
5.5
24　40　16
半徑3cm的圓弧狀　1.5cm方格狀壓線

37cm拉鍊開口
40
19　40　21
半徑3cm的圓弧狀
※拉鍊開口2cm，
　其他部分1cm，預留縫份，進行裁布。

原寸紙型
A

後片

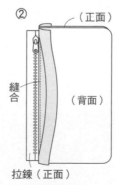

① （正面）
2
（背面） 縫合 拉鍊開口
正面相對疊合2片，
預留拉鍊開口，
縫合上、下側。
（拉鍊開口進行疏縫）

② （正面）
縫合
拉鍊（正面）
疊合於下側部分，
縫合固定拉鍊。

③ （正面）
1.2
（背面）
（正面）
翻向正面，
縫合固定於拉鍊。

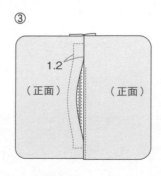

縫製方法
1cm滾邊
背面相對疊合前片與後片，
進行縫合，
進行周圍滾邊。

◆材料
No.24 兔子、尾巴、耳朵用布20×25cm 各適量 台布25×15cm 提把用布15×10cm 鋪棉、厚紙各25×25cm 眼睛用直徑0.5cm 串珠1顆
花朵用直徑0.3cm串珠1顆 鼻子用布、裝飾片、花朵用布、棉花各適量 28×11cm 羽子板1片
No.25 兔子、尾巴用布10×15cm 耳朵用布5×15cm 台布20×15cm 提把用布5.5×10cm 鋪棉20×15cm 厚紙20×15cm 眼睛用直徑0.5cm
串珠2顆 花朵用直徑0.25cm 串珠3顆 棉花、花朵用布各適量 18×10cm 羽子板1片

◆作法順序（相同）
羽子板握把黏貼用布→製作台布，黏貼於羽子板→製作兔子→製作花朵→兔子與花朵固定於台布。

◆作法重點
○兔子用厚紙鑽上眼睛與耳朵固定孔之後，疊合鋪棉，以布包覆。
○No.24的握把、台布、花朵、尾巴作法，與No.25相同。由裝飾片剪下喜愛的圖案。

完成尺寸　No.24 28×11cm　　No.25 18×10cm

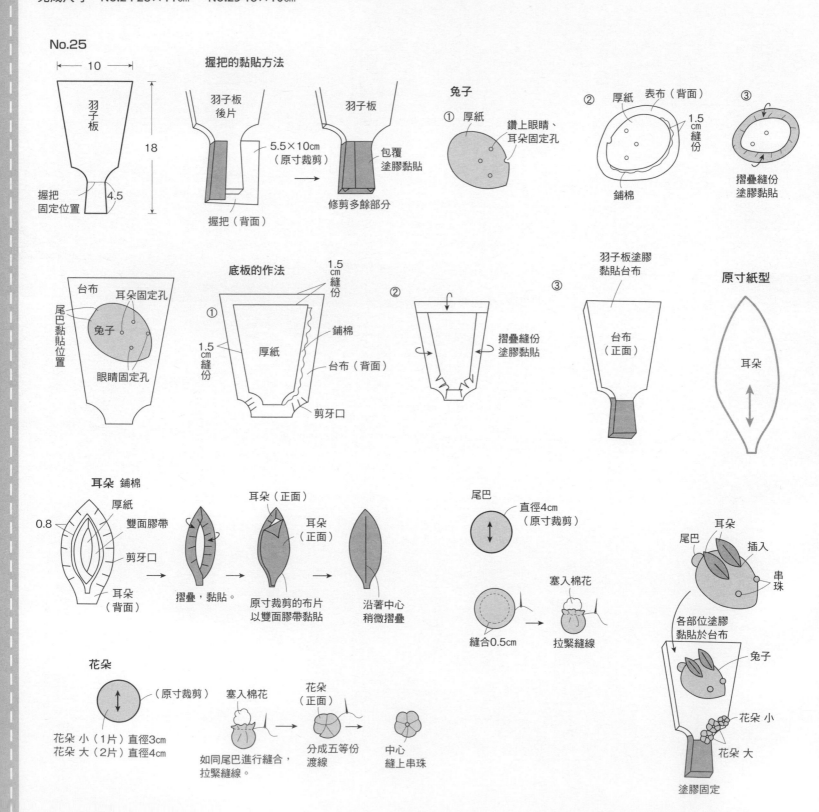

No.24

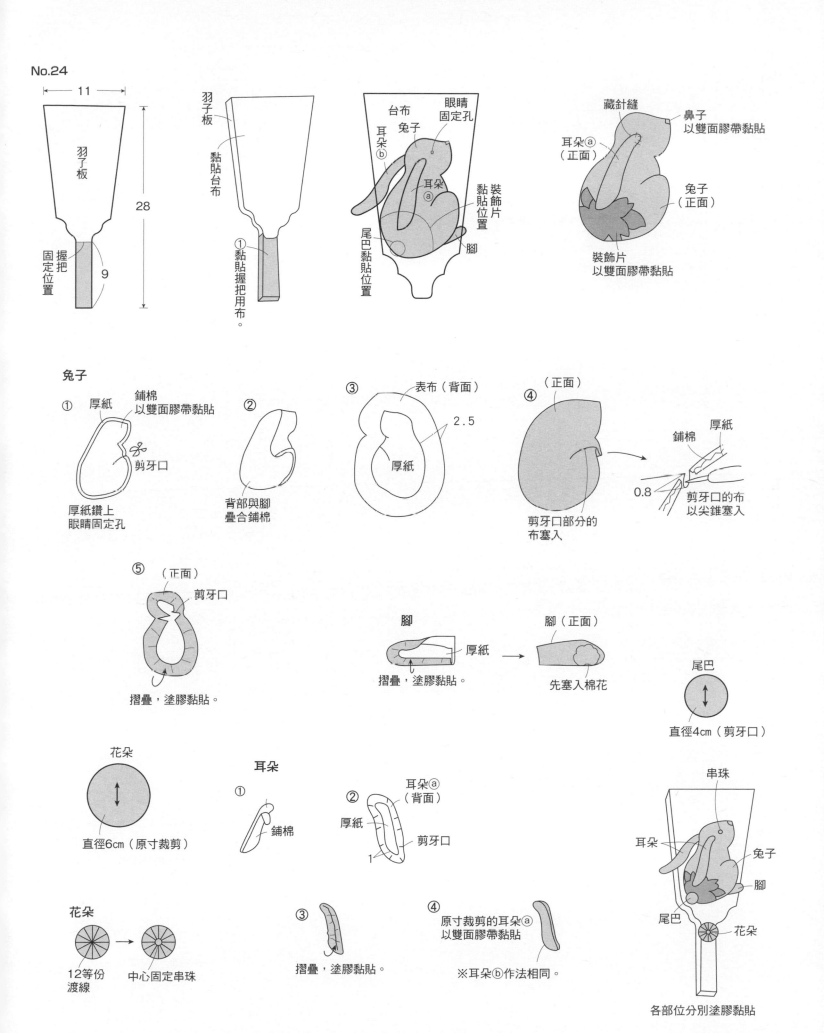

兔子

① 厚紙　鋪棉　以雙面膠帶黏貼
　剪牙口
　厚紙鑽上眼睛固定孔

② 背部與腳疊合鋪棉

③ 表布（背面）　2.5　厚紙

④ （正面）　鋪棉　厚紙　0.8　剪牙口的布以尖錐塞入
　剪牙口部分的布塞入

⑤ （正面）　剪牙口
　摺疊，塗膠黏貼。

腳　厚紙
　摺疊，塗膠黏貼。

腳（正面）
　先塞入棉花

尾巴
　直徑4cm（剪牙口）

花朵
　直徑6cm（原寸裁剪）

耳朵
① 鋪棉

② 耳朵ⓐ（背面）　厚紙　剪牙口　1

③ 摺疊，塗膠黏貼。

④ 原寸裁剪的耳朵ⓐ以雙面膠帶黏貼
　※耳朵ⓑ作法相同。

花朵
　12等份渡線　→　中心固定串珠

串珠
耳朵
兔子
腳
尾巴
花朵
各部位分別塗膠黏貼

83

◆材料

小手提袋 各式拼接用布片 C、D用布110×40cm（包含提把、滾邊、包釦部分） 裡袋用布、接著襯各55×35cm 鋪棉、胚布各55×40cm 直徑1.2cm包釦、直徑0.3cm 珍珠各8顆 並太毛線適量

手提袋 各式拼接用布片（包含包釦部分） C、D用布110×50cm（包含袋底、滾邊、滾邊繩部分） 提把用布3種各 45×45cm 裡袋用布、接著襯各110×55cm 鋪棉、胚布各90×50cm 直徑1.2cm 包釦、直徑0.3cm 珍珠各12顆 並太毛線適量

◆作法順序

小手提袋 拼接A、B布片，接縫C、D布片，完成表布→疊合鋪棉與胚布，進行壓線→正面相對，沿著袋底中心摺疊，縫合脇邊，縫合側身→製作裡袋，放入本體，沿著袋口進行滾邊→製作提把，進行接縫。

手提袋 拼接A、B布片，接縫C、D布片，完成袋身表布→疊合鋪棉與胚布，進行壓線（兩邊端壓線時預留3至4cm）→袋底也以相同作法進行壓線→袋身縫成筒狀（縫法請參照P.67縫份處理方法C）→製作滾邊繩，暫時固定於袋底→正面相對疊合袋身與袋底，進行縫合→製作裡袋，放入本體，沿著袋口進行滾邊→製作提把，進行接縫。

◆作法重點

○裡袋黏貼接著襯。

○滾邊與滾邊繩使用寬4cm斜布條。滾邊繩穿入毛線（作法請參照P.67）。

完成尺寸　小手提袋20×31cm
　　　　　手提袋25×40cm

原寸紙型

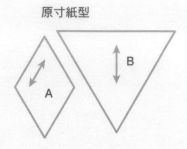

小手提袋

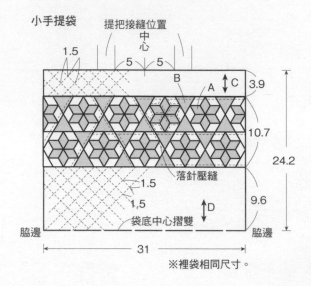

※裡袋相同尺寸。

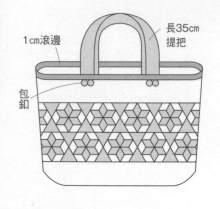

1cm滾邊
長35cm 提把
包釦

側身

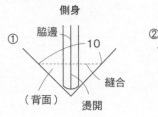

① 脇邊　10
縫合
（背面）　燙開

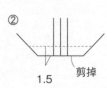

②
1.5　剪掉

滾邊方法
（手提袋作法相同）

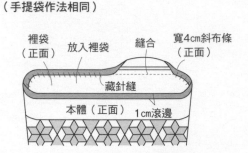

裡袋（正面）　放入裡袋　縫合　寬4cm斜布條（正面）
藏針縫
本體（正面）　1cm滾邊

提把

（2片）（原寸裁剪）

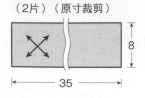

8
35

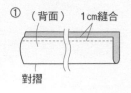

① （背面）　1cm縫合
對摺

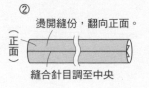

② 燙開縫份，翻向正面。
（正面）
縫合針目調至中央

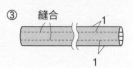

③ 縫合　1
1

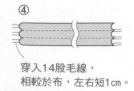

④
穿入14股毛線，
相較於布，左右短1cm。

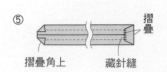

⑤ 摺疊
摺疊角上　藏針縫

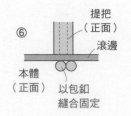

⑥ 提把（正面）
滾邊
本體（正面）　以包釦縫合固定

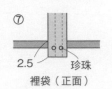

⑦
2.5　珍珠
裡袋（正面）

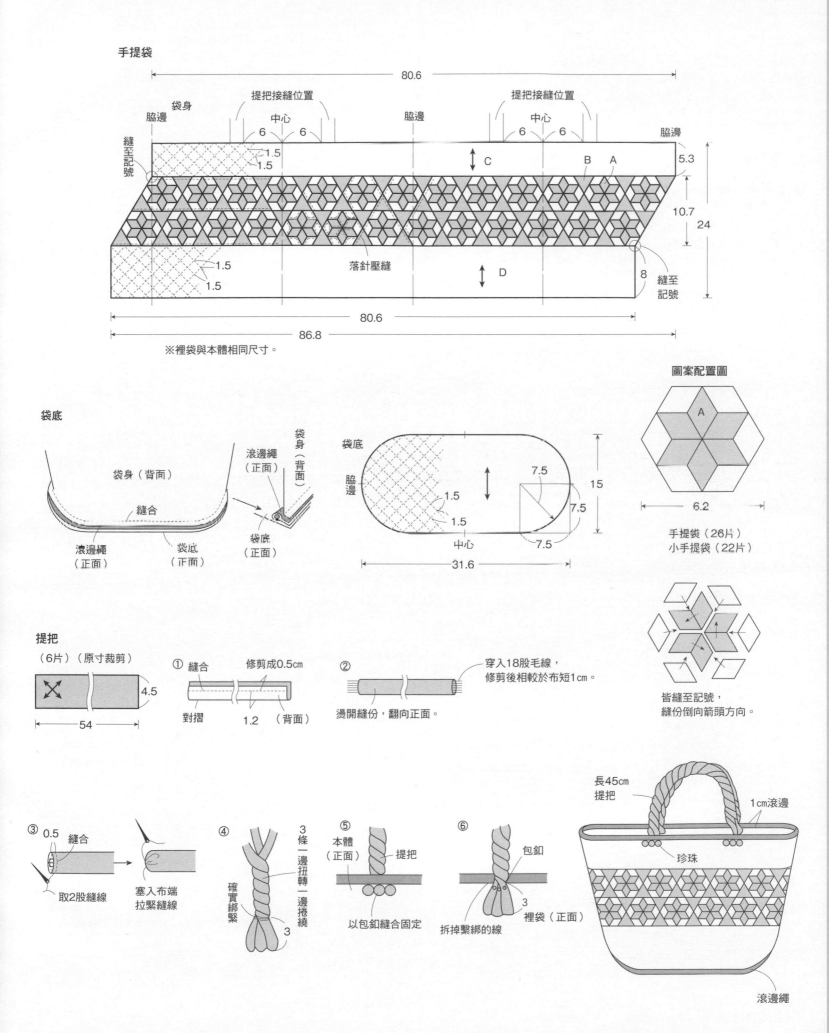

手提袋

80.6

脇邊　袋身　提把接縫位置　中心　脇邊　提把接縫位置　中心　脇邊

6　6　6　6

縫至記號
1.5
1.5

C　B　A　5.3

落針壓縫　D

10.7　24

1.5
1.5

8　縫至記號

80.6

86.8

※裡袋與本體相同尺寸。

圖案配置圖

A

6.2

手提袋（26片）
小手提袋（22片）

皆縫至記號，
縫份倒向箭頭方向。

袋底

滾邊繩（正面）
袋身（背面）

袋身（背面）
縫合
滾邊繩（正面）　袋底（正面）
袋底（正面）

袋底
脇邊
1.5
1.5
中心

7.5
15
7.5
7.5
31.6

提把

（6片）（原寸裁剪）

4.5

54

① 縫合　修剪成0.5cm
對摺　1.2（背面）

② 穿入18股毛線，
修剪後相較於布短1cm。
燙開縫份，翻向正面。

③ 0.5　縫合
取2股縫線
塞入布端
拉緊縫線

④ 3條一邊扭轉一邊捲繞
確實綁緊
3

⑤ 本體（正面）　提把
以包釦縫合固定

⑥ 包釦
3　裡袋（正面）
拆掉繫綁的線

長45cm
提把
1cm滾邊
珍珠
滾邊繩

◆材料

No.33 各式貼布縫用布片 A、D用布2種各45×15cm B用布45×40cm 內口袋用布 25×25cm
裡袋用布70×70cm（包含口袋胚布、提把部分） 單膠鋪棉、接著襯各45×65cm 長20cm拉鍊1條 寬2.5cm 平面織帶70cm 直徑1.8cm 縫式磁釦1組

No.34 各式貼布縫用布片 A用布25×25cm（包含F布片部分） B用布40×25cm（包含G布片部分） E用布15×25cm 裡袋用布65×30cm
（包含提把、吊耳部分） 單膠鋪棉、接著襯各50×35cm 寬2.5cm 平面織帶40cm 內尺寸3cm D形環1個

◆作法順序

No.33 B布片進行貼布縫縫上C布片，接縫A布片，完成前片表布→接縫D與E布片，完成後片表布→疊合鋪棉，進行壓線→製作口袋，進行接縫→製作後片→製作提把與裡袋→依圖示完成縫製。

No.34 B布片進行貼布縫縫上C、D布片，接縫A布片，完成前片表布→接縫E與F布片，完成後片表布→疊合鋪棉，進行壓線→製作提把、吊耳、裡袋→依圖示完成縫製。

完成尺寸　No.33　30×40cm
　　　　　No.34　30×20cm

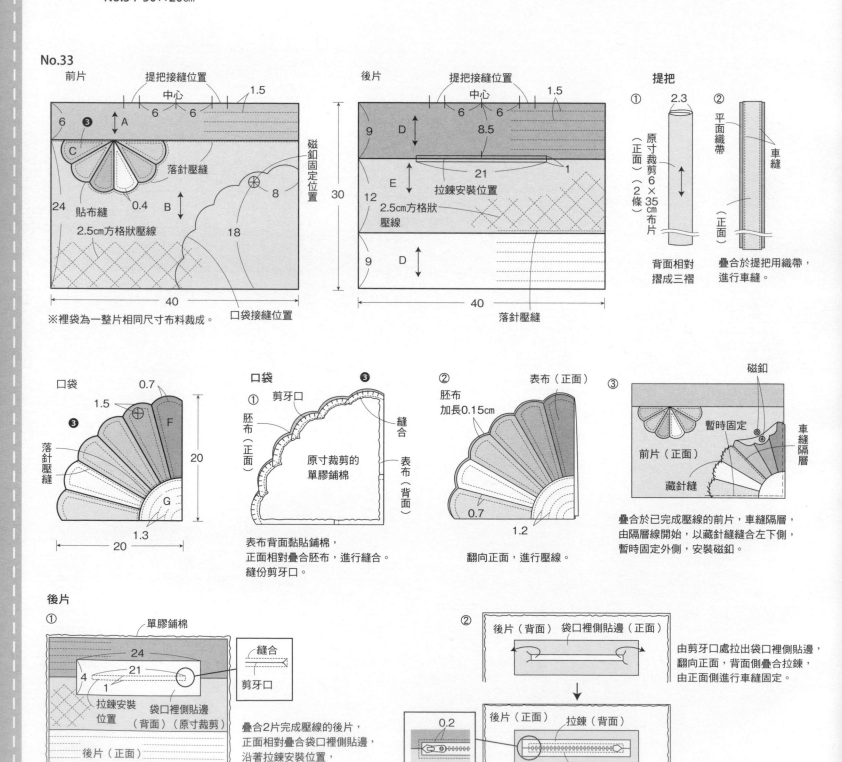

86

③ 口袋布／原寸裁剪長25×寬24cm

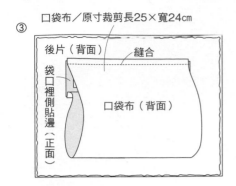

後片（背面）　縫合
袋口裡側貼邊（正面）
口袋布（背面）

袋口裡側貼邊上、下側，正面相對疊合內口袋，
不縫入後片，一邊避開一邊進行縫合。

④

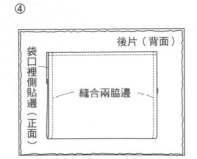

後片（背面）
袋口裡側貼邊（正面）
縫合兩脇邊

對齊袋口裡側貼邊與口袋布脇邊，
不縫入後片，進行縫合。

縫製方法

①

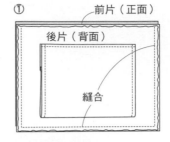

前片（正面）
後片（背面）
縫合

正面相對疊合前片與後片，
縫合兩脇邊與袋底。
※裡袋黏貼接著襯，
　脇邊預留返口，作法相同。

②

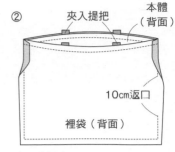

夾入提把　本體（背面）
10cm返口
裡袋（背面）

正面相對疊合本體與裡袋，
提把夾入指定位置，
沿著袋口進行縫合。

No.34

前片　提把接縫位置　1.5

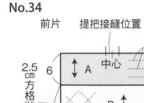

2.5cm方格狀壓線
中心
6　A
B　0.7　❸
C
24
貼布縫　1.2
30
20　D

後片　吊耳接縫位置　1.5

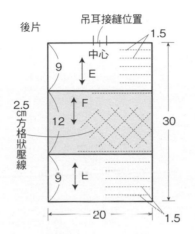

中心
9　E
2.5cm方格狀壓線
12　F　30
9　E
20　1.5

※裡袋為一整片相同尺寸布料裁成。
※袋口縫份1.5cm。

③

裡袋（正面）
裡袋加長0.2cm
本體（正面）

翻向正面，縫合返口，
沿著袋口進行車縫。

提把與吊耳

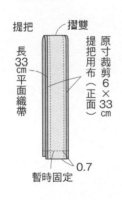

提把　摺雙
長33cm平面織帶
提把用裁剪6×33cm（正面）
0.7
暫時固定

吊耳　摺雙　D形環
長7cm平面織帶
摺成三褶
原寸裁剪6×7cm
0.7
暫時固定

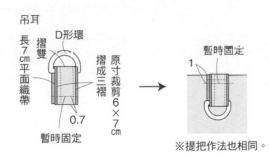

暫時固定　1
※提把作法也相同。

與No.33手提袋的「提把作法」相同，
對摺之後暫時固定於指定位置。
（吊耳穿套D形環）

縫製方法

①

前片（正面）
後片（背面）
縫合

正面相對疊合前片與後片，
進行縫合。
※裡袋黏貼接著襯，
　脇邊預留返口，作法相同。

②

1.5
10cm返口
裡袋（背面）

本體與裡袋，
正面相對疊合，
沿著袋口進行縫合。

③

裡袋（正面）
裡袋加長0.2cm
本體（正面）

翻向正面，縫合返口，
沿著袋口進行車縫。

◆材料

相同 各式拼接、貼布縫用布片 鋪棉40×45cm 寬2cm 斜紋織帶80cm 直徑0.5cm 圓繩350cm 直徑1.5cm 帶尾珠2顆

No.40 B用布90×90cm（包含後片、前片胚布部分） 提把用布25×35cm（包含吊耳部分） 25號繡線適量

No.39 B用布90×90cm（包含後片、前片胚布部分） C用布45×30cm（包含提把、吊耳部分）

◆作法順序

相同 進行拼接、貼布縫、刺繡，完成前片表布→疊合鋪棉與胚布，進行壓線→製作提把與吊耳→依圖示完成縫製。

完成尺寸　43×36cm

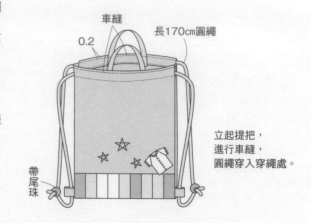

車縫
0.2
長170cm圓繩

立起提把，
進行車縫，
圓繩穿入穿繩處。

帶尾珠

No.40

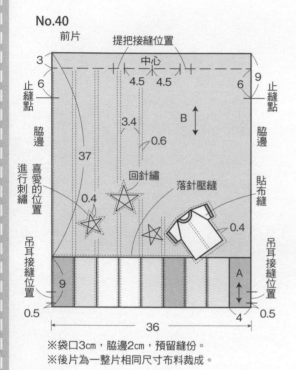

前片
提把接縫位置
中心
3
9
4.5　4.5
6
止縫點
6
止縫點
脇邊
3.4
B
脇邊
0.6
喜愛的位置
進行刺繡
37
回針繡
0.4
落針壓縫
貼布縫
0.4
吊耳接縫位置
9
A
吊耳接縫位置
0.5
36
0.5
4

※袋口3cm，脇邊2cm，預留縫份。
※後片為一整片相同尺寸布料裁成。

No.39

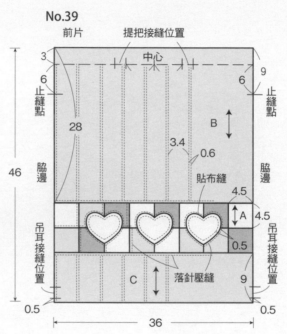

前片
提把接縫位置
中心
3
9
6
6
止縫點
止縫點
28
脇邊
3.4
B
脇邊
0.6
貼布縫
46
4.5
A
4.5
吊耳接縫位置
C
0.5
落針壓縫
9
吊耳接縫位置
0.5
36
0.5

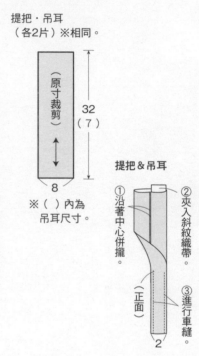

提把・吊耳
（各2片）※相同。

（原寸裁剪）
32
（7）
8

※（ ）內為
吊耳尺寸。

提把＆吊耳

①沿著中心併攏。
②夾入斜紋織帶。
③進行車縫。
正面
2

縫製方法

①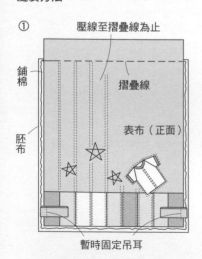

壓線至摺疊線為止
鋪棉
摺疊線
表布（正面）
胚布

前片表布背面疊合鋪棉與胚布，
進行壓線。
沿著袋口摺疊線，修剪鋪棉與胚布，
暫時固定吊耳。

暫時固定吊耳

②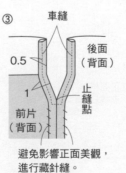

前片（正面）
止縫點
後片（背面）

正面相對疊合後片，
縫合止縫點以下部分的
兩脇邊與袋底。

③

車縫
0.5
後面（背面）
1
止縫點
前片（背面）

避免影響正面美觀，
進行藏針縫。

脇邊縫份摺成三褶，
車縫止縫點以上部分，
避免影響正面美觀，
止縫點以下部分，
進行藏針縫。

④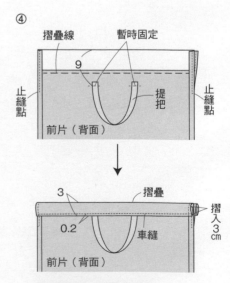

摺疊線
暫時固定
9
止縫點
止縫點
提把
前片（背面）

3
摺疊
0.2
摺入3cm
車縫
前片（背面）

提把暫時固定於圖示位置，
沿著袋口摺成三褶，進行車縫，
完成穿繩部位。

◆材料
學習袋　各式拼接、貼布縫用布片 K、L用布
110×50cm（包含後片、提把、袋口裡側貼
邊、口袋、滾邊部分）裡袋用布60×45cm
鋪棉、胚布各90×50cm 單膠鋪棉35×10cm
鞋子收納袋　各式拼接用布片 j、k用布
60×35cm（包含後片、提把、吊耳、袋口裡
側貼邊部分）裡袋用布45×30cm 鋪棉、胚
布各50×35cm 單膠鋪棉35×5cm

◆作法順序（相同）
拼接A至L（a～k）布片，進行貼布縫，完成
前片表布→疊合鋪棉、胚布，進行壓線→後
片同樣進行壓線→製作手提袋的口袋，接縫
於後片→製作吊耳與提把→依圖示完成縫
製。

完成尺寸　學習袋 30×39cm
　　　　　鞋子收納袋 29×20cm

學習袋

前片　　　提把接縫位置
脇邊　　中心　　貼布縫　　　　　脇邊

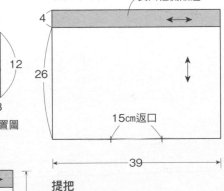
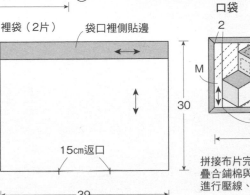
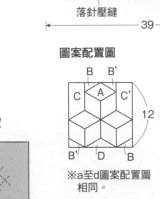
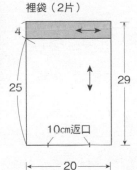

落針壓縫

後片　　提把接縫位置
脇邊　　中心　　　　　　　脇邊
口袋

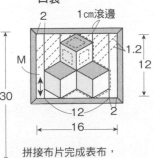
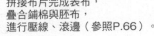

鞋子收納袋

前片
脇邊　提把接縫位置　脇邊
中心

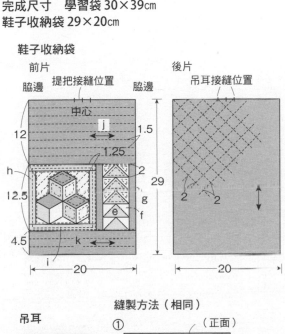
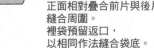

後片
吊耳接縫位置

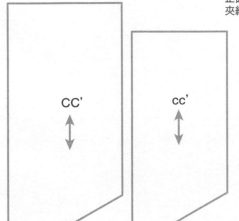
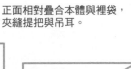

圖案配置圖

※a至d圖案配置圖
相同。

裡袋（2片）

裡袋（2片）　袋口裡側貼邊

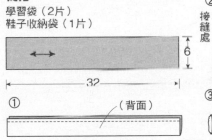

4
26
30
39
15cm返口

裡袋（2片）

4
25
29
20
10cm返口

提把
學習袋（2片）
鞋子收納袋（1片）

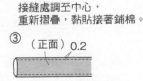

32
6

① 正面相對對摺，進行縫合。

② 接著鋪棉
接縫處調至中心，
重新摺疊，黏貼接著鋪棉。

③（正面）0.2
翻向正面，車縫兩邊端。

口袋

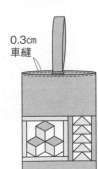

拼接布片完成表布，
疊合鋪棉與胚布，
進行壓線、滾邊（參照P.66）。

吊耳
（原寸裁剪）4
8
（正面）0.2
摺成四褶，
縫合邊端。

縫製方法（相同）

①
（背面）
（正面）

正面相對疊合前片與後片，
縫合周圍。
裡袋預留返口，
以相同作法縫合袋底。

② 本體（背面）
學習袋
提把
裡袋（背面）
返口

鞋子收納袋
提把（前側）
吊耳（後側）
裡袋（背面）
返口

正面相對疊合本體與裡袋，
夾縫提把與吊耳。

③

0.3cm車縫

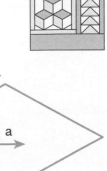
0.3cm
車縫

翻向正面，縫合返口，
沿著袋口進行車縫。

原寸紙型

CC'　cc'

B

A

D

bb'

a

d

89

◆材料（1件的用量）
各式貼布縫用布片 表布用布（包含袋蓋裡布、側身用布部分） 接著鋪棉、胚布各100×40cm 前片口袋布25×25cm 袋蓋表布25×10cm 接著襯25×25cm 寬2.5cm 織帶95cm 長30cm 塑鋼拉鍊（3vis）1條 魔鬼氈2.5×4cm 雙面接著襯適量

◆作法順序
前片、後片表布黏貼接著鋪棉，疊合胚布，進行壓線→製作袋蓋、前片口袋、後片口袋、側身→依圖示完成縫製。

◆作法重點
○進行貼布縫，黏貼雙面接著襯，進行原寸裁剪，以熨斗燙黏於口袋布，周圍依喜好進行車縫。
○以手縫方式進行前片口袋貼布縫時，先進行貼布縫，再黏貼鋪棉，進行壓線。

完成尺寸　31×23.5cm

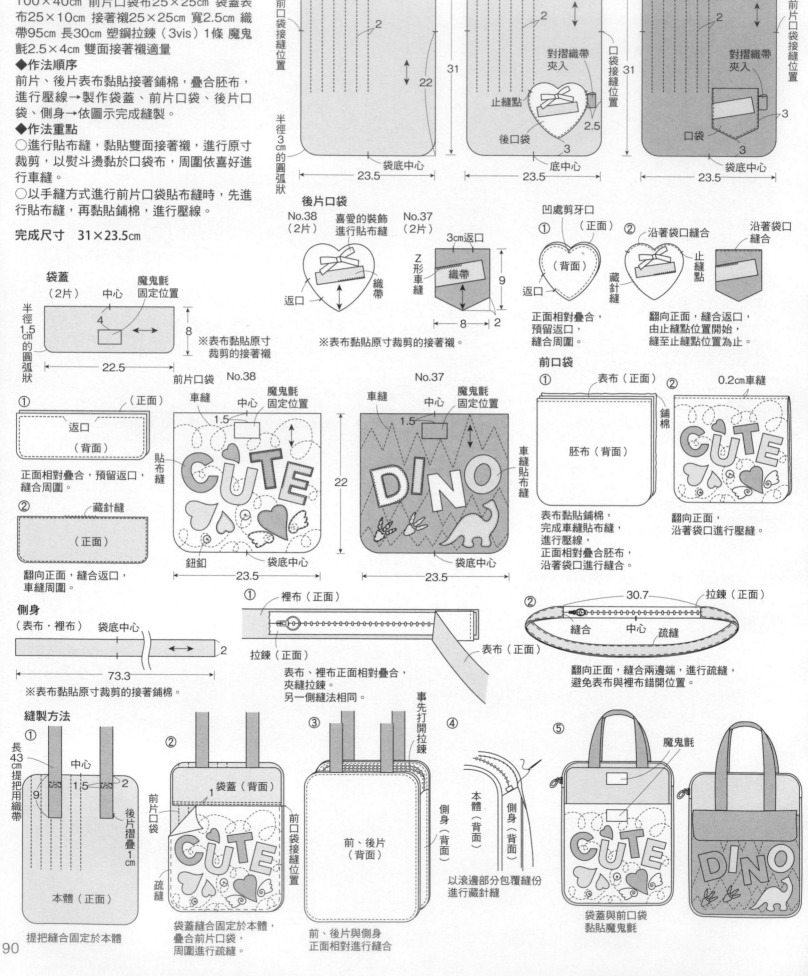

◆材料
各式拼接、補強片用布片 C用布70×70cm（包含釦絆、補強片、
滾邊用寬3cm 斜布條部分） 鋪棉、胚布、裡袋用布各90×35cm
薄鋪棉、接著襯各15×15cm 寬3.5cm 蕾絲85cm 長48cm 提把1組
直徑2cm 鈕釦1顆 直徑2cm 磁釦1組

◆作法順序
拼接布片，完成前片與後片表布→疊合鋪棉與胚布，進行壓線→
前片與後片縫合固定蕾絲→製作釦絆→依圖示完成縫製。

完成尺寸 23×39cm

前、後片

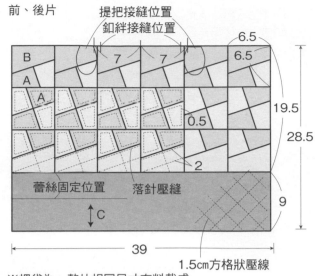

※裡袋為一整片相同尺寸布料裁成。

釦絆

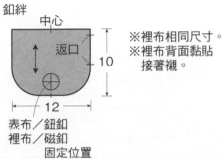

中心
返口
10
12
表布／鈕釦
裡布／磁釦
固定位置

※裡布相同尺寸。
※裡布背面黏貼
接著襯。

釦絆

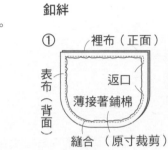

①
裡布（正面）
表布（背面）
返口
縫合（原寸裁剪）
薄接著鋪棉

表布黏貼鋪棉，
裡布黏貼接著襯，
正面相對疊合，
預留返口，進行縫合。

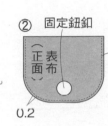

②
固定鈕釦
正面 表布
車縫
0.2

翻向正面，
車縫周圍，
表側鈕釦，裡側磁釦，
進行縫合固定。

補強片（2片）

原寸裁剪
直徑5cm

1片由釦絆用布，
另一片由拼接用布裁剪。

磁釦包釦作法

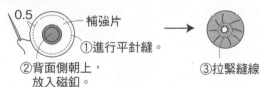

0.5
補強片
①進行平針縫。
②背面側朝上，
放入磁釦。
③拉緊縫線

縫製方法

①
前片（正面）
後片（背面）
縫合

進行壓線，縫合固定蕾絲的前片與後片，
正面相對疊合，縫合兩脇邊與袋底。
※裡袋作法也相同。

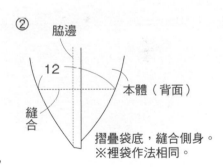

②
脇邊
12
本體（背面）
縫合

摺疊袋底，縫合側身。
※裡袋作法相同。

③

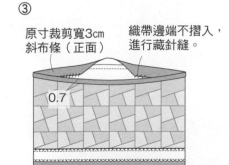

原寸裁剪寬3cm
斜布條（正面）
織帶邊端不摺入，
進行藏針縫。
0.7
本體（正面）

翻向正面，沿著袋口進行滾邊。

④

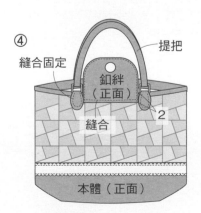

提把
縫合固定
釦絆（正面）
縫合
2
本體（正面）

本體後片縫合固定釦絆，
接縫提把。

⑤

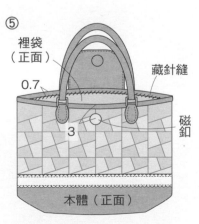

裡袋（正面）
藏針縫
0.7
3
磁釦
本體（正面）

前片縫合固定磁釦，放入裡袋，
朝著內側摺疊裡袋口縫份，
進行貼布縫。

◆材料
本體用布35×35cm　袋蓋用布25×25cm　薄雙面接著鋪棉60×35cm
胚布35×110cm（包含補強片、滾邊用部分）　直徑1.2cm 磁釦1組

◆作法順序
製作袋蓋→依圖示完成縫製。

完成尺寸　16×26cm

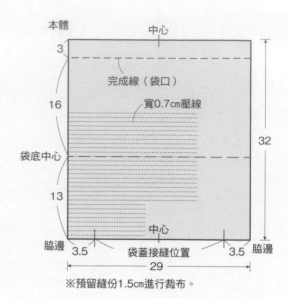

本體

※預留縫份1.5cm進行裁布。

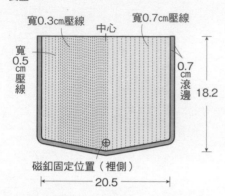

袋蓋

寬0.3cm壓線　中心　寬0.7cm壓線
寬0.5cm壓線
0.7cm滾邊
18.2
磁釦固定位置（裡側）
20.5
※上部1.5cm，其他部分0.7cm，預留縫份，進行裁布。

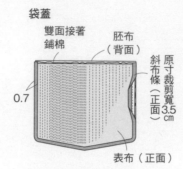

袋蓋
雙面接著鋪棉　胚布（背面）
斜布條（正面）　原寸裁剪寬3.5cm
0.7
表布（正面）
背面相對疊合表布與胚布，之間夾入鋪棉，進行黏貼，進行壓線，進行周圍滾邊。

補強片（4片）

原寸裁剪
直徑2.5cm

磁釦包釦作法

①

補強片（背面）　②剪牙口。
①疊合2片補強片，沿著周圍進行平針縫。

②
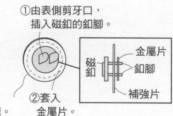
①由表側剪牙口，插入磁釦的釦腳。
磁釦　金屬片　釦腳　補強片
②套入金屬片。

③

①朝著內側摺彎釦腳。
②拉緊平針縫線。

縫製方法

①
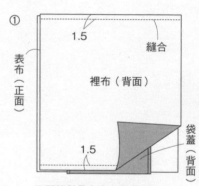
1.5
縫合
表布（正面）
裡布（背面）
1.5
袋蓋（背面）
正面相對疊合表布與胚布，夾入袋蓋，縫合上、下側。

②
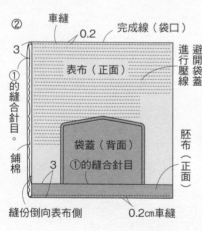
車縫　0.2　完成線（袋口）
3
表布（正面）
避開袋蓋進行壓線
①的縫合針目。
袋蓋（背面）
①的縫合針目
3
胚布（正面）
鋪棉
縫份倒向表布側　0.2cm車縫

翻向正面，錯開①的縫合針目位置，重新摺疊，之間夾入鋪棉，進行黏貼，車縫上、下側，進行壓線。

③
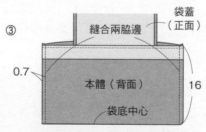
縫合兩脇邊　袋蓋（正面）
0.7
本體（背面）
16
袋底中心
正面相對，沿著袋底中心對摺，縫合兩脇邊，縫份整齊修剪成0.7cm。

④
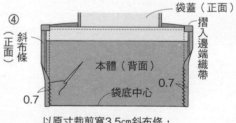
袋蓋（正面）
摺入邊端織帶
斜布條（正面）
本體（背面）
0.7
0.7
袋底中心
以原寸裁剪寬3.5cm斜布條，進行兩脇邊縫份滾邊。

⑤
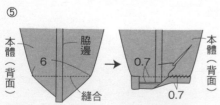
本體（背面）　脇邊　6　→　0.7　本體（背面）　0.7
縫合
摺疊袋底，縫合側身，裁掉多餘縫份。
以原寸裁剪寬3.5cm斜布條，進行縫份滾邊。

⑥
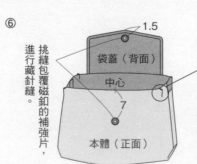
1.5
袋蓋（背面）
中心
挑縫包覆磁釦的補強片，進行藏針縫。
7
本體（正面）

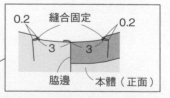
0.2　縫合固定　0.2
3　3
脇邊　本體（正面）

翻向正面，袋口四處抓摺，縫合固定。袋蓋與本體前側，縫合固定磁釦。

◆材料

各式拼接用布片 後片下部用布75×45cm（包含口袋拉鍊、袋口布、袋底、袋口裡側貼邊、拉鍊尾片部分） 裡袋用布70×60cm（包含袋口裡布、口袋布部分） 雙面接著鋪棉、胚布各110×40cm 厚接著襯90×70cm 長29cm、20cm 拉鍊各1條 長49cm附固定釦皮革提把1組

◆作法順序

拼接布片，完成前片與後片上部的表布→前片與後片上 下部、袋底、口袋拉鍊布，疊合鋪棉與胚布，進行黏合之後，進行壓線→製作後片→製作袋口布→製作裡袋→依圖示完成縫製。

完成尺寸 24×40cm

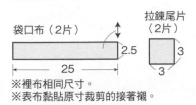

袋口布（2片）
2.5
25
※裡布相同尺寸。
※表布黏貼原寸裁剪的接著襯。

拉鍊尾片（2片）
3
3

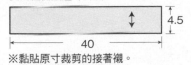

袋口裡側貼邊（2片）
4.5
40
※黏貼原寸裁剪的接著襯。

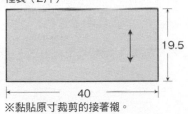

裡袋（2片）
19.5
40
※黏貼原寸裁剪的接著襯。

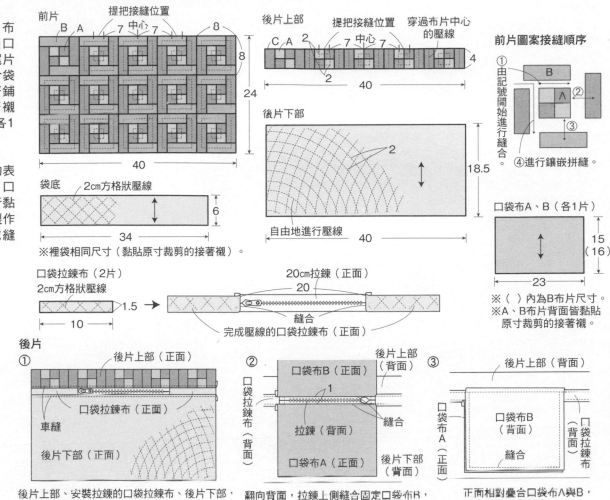

前片
提把接縫位置
B A 7 中心 7 8
8
24
40

後片上部 提把接縫位置 穿過布片中心的壓線
C A 2 7 中心 7 2 4
40

後片下部
2
18.5
自由地進行壓線 40

袋底 2cm方格狀壓線
6
34
※裡袋相同尺寸（黏貼原寸裁剪的接著襯）。

口袋拉鍊布（2片）
2cm方格狀壓線
1.5
10
20cm拉鍊（正面）
20
縫合
完成壓線的口袋拉鍊布（正面）

前片圖案接縫順序
①由記號開始進行縫合。
B
∧
②
③
④進行鑲嵌拼縫。

口袋布A、B（各1片）
15（16）
23
※（ ）內為B布片尺寸。
※A、B布片背面皆黏貼原寸裁剪的接著襯。

後片

① 後片上部（正面）
口袋拉鍊布（正面）
車縫
後片下部（正面）
後片上部、安裝拉鍊的口袋拉鍊布、後片下部，依序正面相對縫合，進行車縫壓線。

② 後片上部（背面）
口袋布B（正面）
1
拉鍊（背面）
縫合
口袋布A（正面）
後片下部（背面）
口袋拉鍊布（背面）
翻向背面，拉鍊上側縫合固定口袋布B，下側縫合固定口袋布A。

③ 後片上部（背面）
口袋布B（背面）
口袋布A（正面）
縫合
口袋拉鍊布（背面）
正面相對疊合口袋布A與B，縫合兩脇邊與袋底。

袋口布

① 裡布（背面）表布（正面）
縫合
正面相對疊合表布與裡布，進行ㄈ形車縫

② 裡布（正面）
摺朝著背部端部
拉鍊（背面）
1 表布（正面）
縫合
29cm拉鍊（正面）
拉鍊尾片用布（正面）
縫合
拉鍊尾片用布（背面）
拉鍊尾片（正面）
翻向正面進行車縫
袋口布翻向正面，裡布側疊合拉鍊，進行縫合固定。拉鍊下止片側端部，固定拉鍊尾片。

裡袋

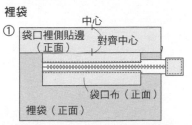

① 中心
袋口裡側貼邊（正面）
對齊中心
袋口布（正面）
裡袋（正面）
夾入袋口布，縫合袋口裡側貼邊與裡袋。另一組袋口裡側貼邊與裡袋作法也相同。

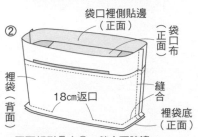

② 袋口裡側貼邊（正面）
袋口布（正面）
裡袋（正面）
裡袋（背面）
18cm返口
縫合
裡袋底（正面）
正面相對疊合①，縫合兩脇邊，裡袋的袋底布預留返口，進行縫合。

縫製方法

① 前片（正面）
後片（背面）
縫合
袋底（正面）
正面相對疊合前片與後片，縫合兩脇邊。正面相對疊合袋底，進行縫合。

② 縫合
本體（背面）
裡袋（背面）
18cm返口
正面相對疊合本體與裡袋，沿著袋口進行縫合。

③ 4
本體以尖錐鑽孔，插入附屬金屬配件進行安裝。

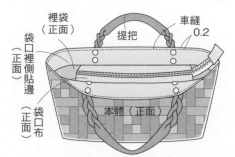

裡袋（正面）
提把
車縫 0.2
袋口裡側貼邊（正面）
袋口布（正面）
本體（正面）
翻向正面，縫合返口，沿著袋口進行壓縫。

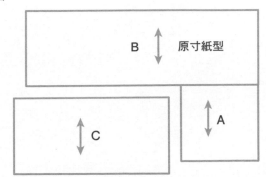

B 原寸紙型
C
A

◆材料

床罩　各式拼接用布片 J、K用布110×100cm 滾邊用寬3.5cm 斜布條770cm 鋪棉、胚布各100×430cm

No.51 抱枕 各式拼接用布片 J用布 20×30cm K用布50×130cm（包含側身、後片部分）鋪棉、胚布各60×130cm 長34cm 拉鍊1條

No.50 抱枕 各式拼接用布片 J用布 20×35cm K用布 90×45cm（包含後片部分）鋪棉、胚布各 50×50cm 長34cm 拉鍊1條

◆作法順序

床罩　拼接A至I布片，完成50片圖案→接縫H、I布片，完成表布→疊合鋪棉、胚布，進行壓線→進行周圍滾邊（請參照P.66）。

No.51 抱枕　拼接A至I布片，完成圖案→周圍接縫J、K布片，完成前片表布→前片與側身表布疊合鋪棉、胚布，進行壓線→製作後片→正面相對疊合前片、側身、後片，進行縫合。

No.50 抱枕　拼接A至I布片，完成圖案→周圍接縫J、K布片，完成前片表布→疊合鋪棉、胚布，進行壓線→製作後片→正面相對疊合前片與後片，進行縫合。

◆作法順序

○No.51抱枕側身進行拼接亦可。

完成尺寸　床罩 205.5×171.5cm
　　　　　No.51 抱枕 直徑40cm
　　　　　No.50 抱枕 42×42cm

圖案配置圖（抱枕2款相同）

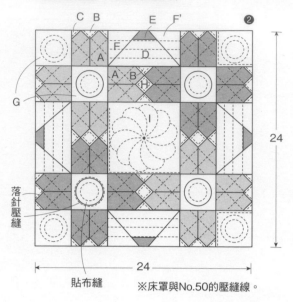

※床罩與No.50的壓縫線。

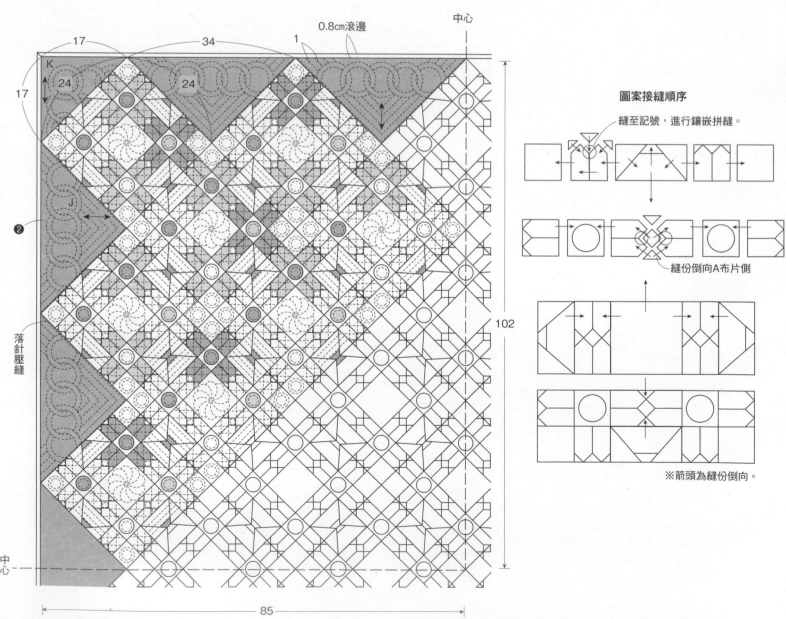

圖案接縫順序

縫至記號，進行鑲嵌拼縫。

縫份倒向A布片側

※箭頭為縫份倒向。

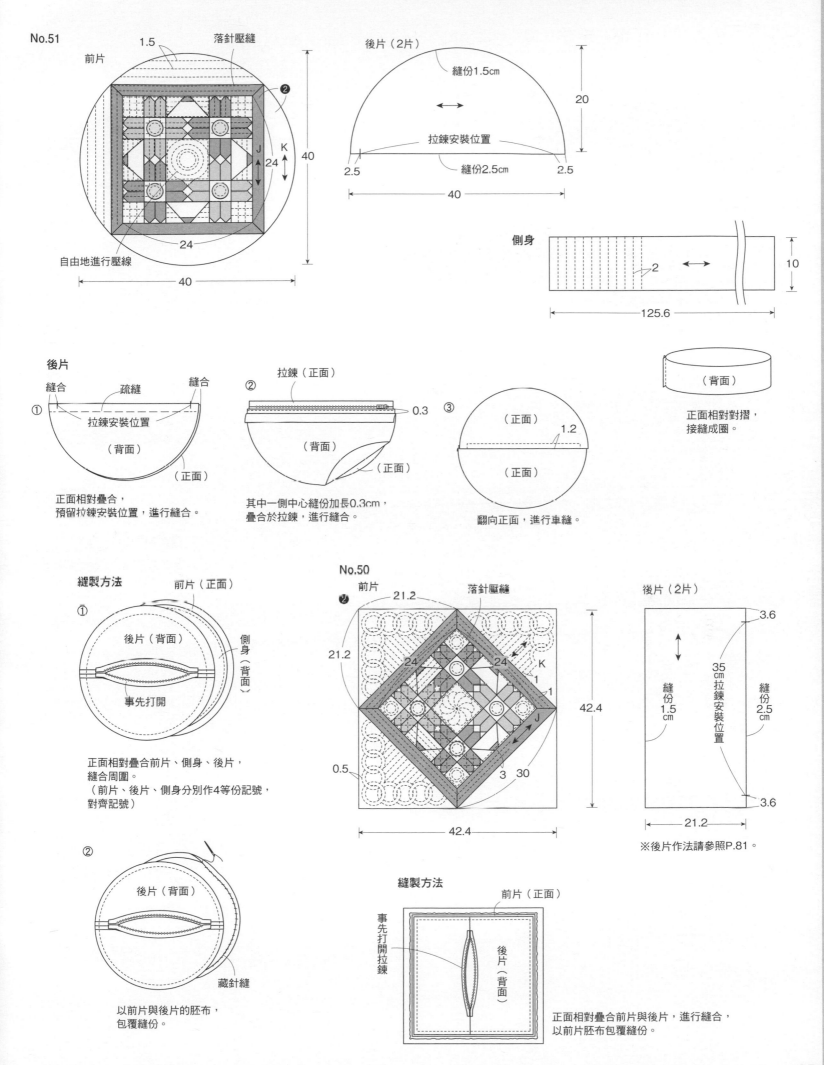

前片

1.5 落針壓縫

❷

K
J ↕ 24

40

40

24

自由地進行壓線

後片（2片）

縫份1.5cm

←→

拉錬安裝位置

縫份2.5cm

2.5　　2.5

40

20

側身

2 ←→

125.6

10

（背面）

正面相對對摺，
接縫成圈。

後片

① 縫合　疏縫　縫合

拉錬安裝位置

（背面）

（正面）

正面相對疊合，
預留拉錬安裝位置，進行縫合。

② 拉錬（正面）

0.3

（背面）

（正面）

其中一側中心縫份加長0.3cm，
疊合於拉錬，進行縫合。

③

（正面）

1.2

（正面）

翻向正面，進行車縫。

縫製方法

前片（正面）

①

後片（背面）

側身（背面）

事先打開

正面相對疊合前片、側身、後片，
縫合周圍。
（前片、後片、側身分別作4等份記號，
對齊記號）

②

後片（背面）

藏針縫

以前片與後片的胚布，
包覆縫份。

No.50

前片 落針壓縫

❷

21.2

21.2

24　24

K

1
1

J

3　30

0.5

42.4

42.4

後片（2片）

3.6

↕

35
cm
拉
錬
安
裝
位
置

縫
份
1.5
cm

縫
份
2.5
cm

3.6

21.2

※後片作法請參照P.81。

※後片作法請參照P.81。

縫製方法

前片（正面）

事先打開拉錬

後片（背面）

正面相對疊合前片與後片，進行縫合，
以前片胚布包覆縫份。

◆材料
各式A用布 後片用布20×15cm 單膠鋪棉、裡袋用布各35×20cm 寬12cm 口金1個 螞蟻釦、直徑1cm 圓環
各2個 喜愛的串珠、25號繡線適量
◆作法順序
以紙襯輔助法拼接A布片（請參照P.45），完成前片表布→黏貼鋪棉，進行壓線與刺繡（參照配置圖，於喜
愛位置進行刺繡）→後片同樣依喜好進行壓線→正面相對疊合前片與後片，進行縫合至止縫點，依圖示完成
縫製→安裝口金→製作提把，進行接縫。

完成尺寸 13×17.5cm

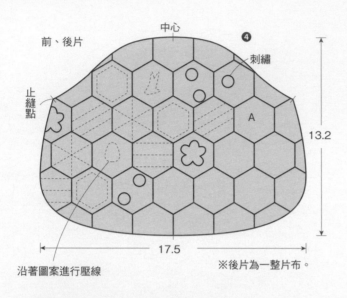

前、後片　中心　❹
刺繡
止縫點
A
13.2
17.5
沿著圖案進行壓線
※後片為一整片布。

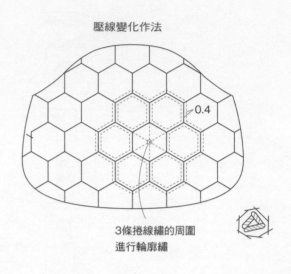

壓線變化作法
0.4
3條捲線繡的周圍
進行輪廓繡

長20至25cm提把
口金

提把
① 螞蟻釦孔洞
穿入蠶絲線
打結2次
→
以夾鉗夾緊

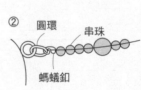

② 圓環　串珠
螞蟻釦

蠶絲線穿入串珠，
穿過螞蟻釦，
螞蟻釦蓋上，端部穿過圓環，
以夾鉗夾緊。
將圓環鉤在蛙嘴口金的環狀部位。

縫製方法
①
（正面）
（背面）

正面相對疊合前片與後片，
進行縫合。
（裡袋作法相同）

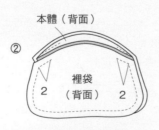

②
本體（背面）
裡袋
（背面）
2　　2

正面相對疊合本體與裡袋，
分別距離脇邊2cm，
沿著袋口進行縫合，翻向正面。

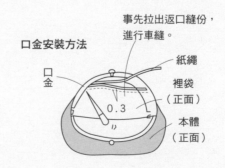

事先拉出返口縫份，
進行車縫。
口金安裝方法
口
金
紙繩
裡袋
（正面）
0.3
本體
（正面）

口金凹槽塗膠，
夾入本體的袋口部位，
以尖錐壓入紙繩。

◆材料
各式拼接、貼布縫用布片 E、F用布40×25cm 鋪棉、胚布各70×55cm 滾邊用寬3.5cm 斜布條260cm
喜愛的串珠3顆 25號繡線適量

◆作法順序
進行拼接、貼布縫，完成圖案與各部位（也進行刺繡）→接縫圖案、各部位、A布片→拼接B至D'布
片完成區塊，與E、F布片接縫於周圍，完成表布→疊合鋪棉與胚布，進行壓線→縫上串珠→進行周
圍滾邊（請參照P.66）。

完成尺寸 64.5×52.5cm
※ ㊁的田字結打法請參照下方圖示。

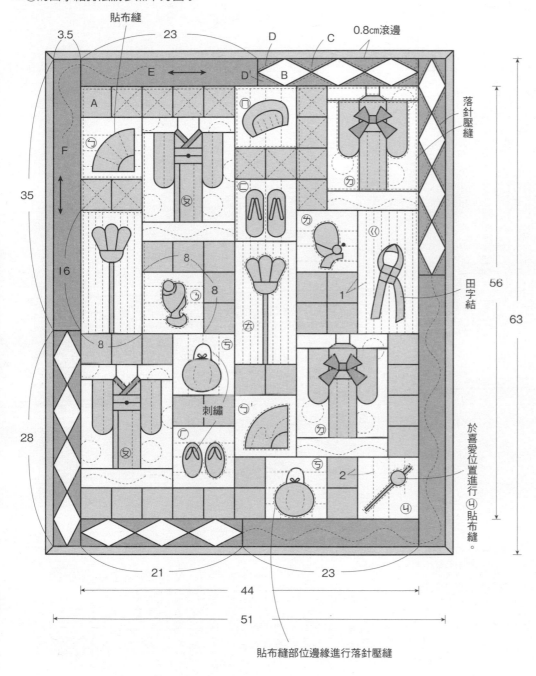

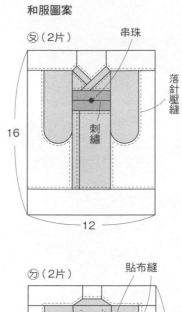

和服圖案

㊁（2片）
串珠
落針壓縫
刺繡
16
12

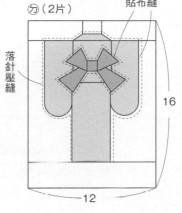

㊂（2片）
貼布縫
落針壓縫
16
12

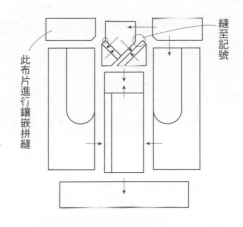

㊂的縫合順序

此布片進行鑲嵌拼縫
縫至記號

※箭頭為縫份倒向。

田字結打法

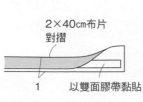

2×40cm布片
對摺
1 以雙面膠帶黏貼

中心
①編帶左端由上往下
穿繞右端之後，
置於右端下方。

中心
②編帶右端由上往下繞過
左端之後往上拉，
穿過上方的圈狀部位。

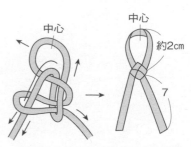

中心
約2cm
中心
7
③反摺，穿過下方圈狀部位之後拉緊。

◆材料
各式拼接用布片 C至D用布（包含側身、後片部分）、裡袋用布（包含吊耳部分）
各90×50cm 滾邊用寬4cm 斜布條130cm 鋪棉、胚布各100×60cm 長41cm 提把1組

◆作法順序
拼接A、B布片，完成26片圖案，接縫20片圖案與CC'布片，完成前片表布→前
片、後片、側身分別疊合鋪棉與胚布，進行壓線→接縫6片圖案與D布片，依圖示製
作口袋，接縫於後片→前片、後片、側身正面相對進行縫合→製作裡袋→裡袋放入本
體，沿著袋口進行滾邊→接縫提把。

完成尺寸 30.5×39cm

原寸紙型

圖案（26片）

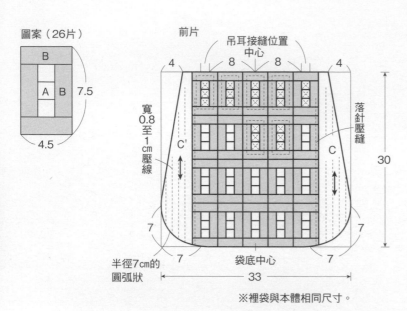

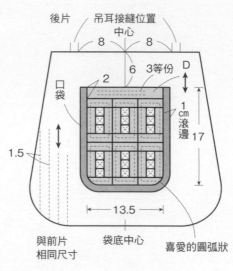

側身

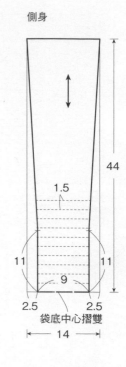

口袋

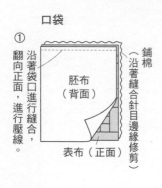

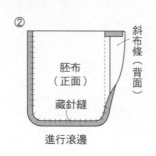

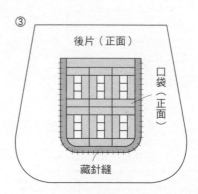

提把接縫方法

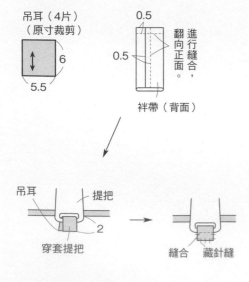

滾邊方法

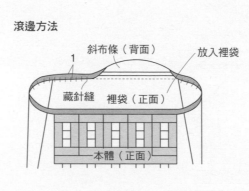

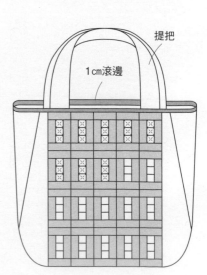

◆材料

No.55 桌飾 各式拼接用布片 D至G用布90×50cm 滾邊用布70×40cm（包含寬0.6cm 斜布條部分） 鋪棉、胚布各90×40cm

No.56 桌飾 各式貼布縫用布片 鋪棉、胚布各55×55cm

◆作法順序

No.55 桌飾 參照P.53，拼接A至C布片，完成3片圖案，接縫D至G布片→斜布條進行貼布縫，完成表布→疊合鋪棉與胚布，進行壓線→進行周圍滾邊。

No.56 桌飾 參照P.59，拼接A至E布片，完成9片圖案→依圖示完成縫製，區塊進行壓線→錯開1片布片，正面相對疊合區塊，挑縫表布，進行捲針縫。

※No.56的原寸紙型請參照P.60。

完成尺寸 No.55 桌飾 36×86cm
　　　　 No.56 桌飾 55×55cm

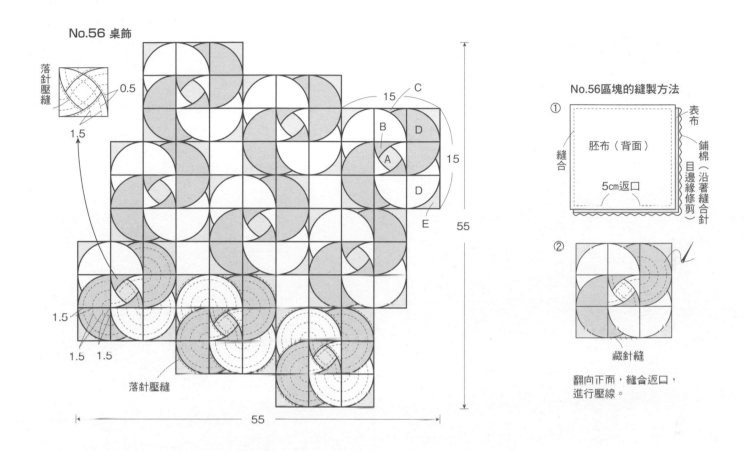

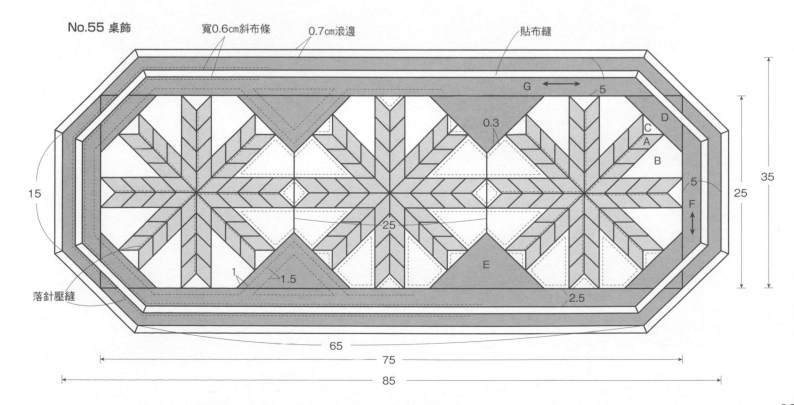

◆材料

各式拼接、貼布縫、立體花用布片 B至C'用布80×75cm（包含側身、釦絆、滾邊部分）
單膠鋪棉、胚布各95×50cm 釦絆、立體花用單膠薄鋪棉50×30cm 寬0.6cm 波形織帶
150cm 包釦心直徑1.2cm 14顆、2.4cm 1顆 直徑2cm 縫式磁釦1組 寬4cm 花片1片 25號繡
線、刺子繡線各適量 長46cm 提把1組

◆作法順序

拼接A布片，接縫B布片，完成前片表布，拼接C、C'布片，完成後片表布→前片與後片進
行貼布縫→黏貼鋪棉，疊合胚布，進行壓線→前片與後片分別縫上包釦→側身進行貼布縫
→前片、後片、側身正面相對疊合進行縫合→製作釦絆→接縫釦絆，沿著袋口進行滾邊→
製作立體花之後固定→以回針縫接縫提把。

◆作法重點

○以側身胚布包覆縫份（請參照P.67方法A）。
○包釦作法請參照P.76。

完成尺寸　28×37cm

原寸紙型

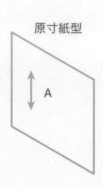

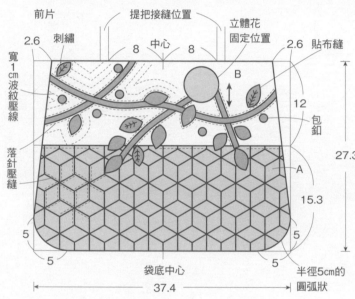

圖案配置圖

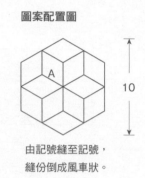

由記號縫至記號，
縫份倒成風車狀。

布片排列方式

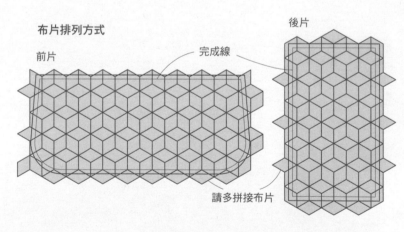

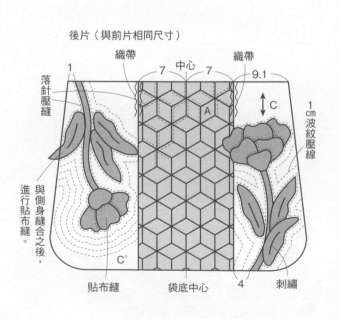

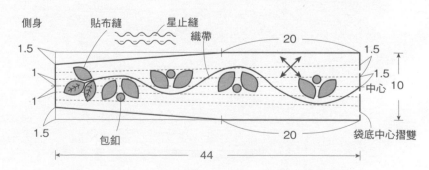

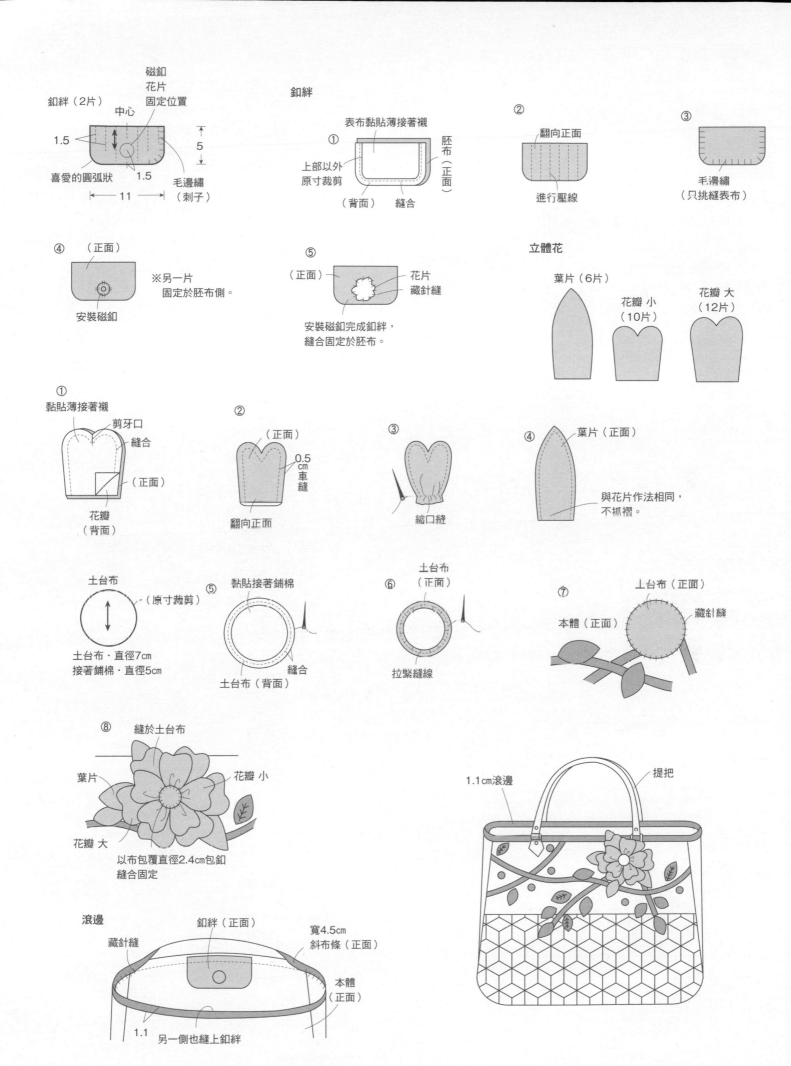

釦絆（2片）　中心　磁釦　花片　固定位置

1.5　　喜愛的圓弧狀　1.5　　毛邊繡（刺子）　5
11

釦絆

① 表布黏貼薄接著襯　胚布（正面）　上部以外原寸裁剪　（背面）　縫合

② 翻向正面　進行壓線

③ 毛邊繡（只挑縫表布）

④（正面）　安裝磁釦　　※另一片固定於胚布側。

⑤（正面）　花片　藏針縫　　安裝磁釦完成釦絆，縫合固定於胚布。

立體花

葉片（6片）　　花瓣 小（10片）　　花瓣 大（12片）

① 黏貼薄接著襯　剪牙口　縫合　（正面）　花瓣（背面）

②（正面）　0.5cm車縫　翻向正面

③ 縮口縫

④ 葉片（正面）　與花片作法相同，不抓褶。

土台布　（原寸裁剪）　土台布・直徑7cm　接著鋪棉・直徑5cm

⑤ 黏貼接著鋪棉　縫合　土台布（背面）

⑥ 土台布（正面）　拉緊縫線

⑦ 本體（正面）　土台布（正面）　藏針縫

⑧ 縫於土台布　葉片　花瓣 小　花瓣 大　以布包覆直徑2.4cm包釦縫合固定

1.1cm滾邊　提把

滾邊　藏針縫　釦絆（正面）　寬4.5cm斜布條（正面）　本體（正面）　1.1　另一側也縫上釦絆

◆材料
各式各部位用布 紮染布5×15cm 直徑1.5cm
鈕釦2顆 寬5cm 花片1片 棉花適量
◆作法順序
頭部、身體、手、腳、耳朵，依序完成各部位
→將頭、手、腳縫合固定於身體→依圖示完成
縫製。
◆作法重點
○耳朵、眼睛、鼻子、嘴巴、尾巴縫在看起來
　很協調的位置。
○身體依喜好進行拼接亦可。
○耳朵加上喜愛的耳飾。
○腳底與尾巴使用絨毛布。

完成尺寸　身高32cm

頭部側面（對稱形各1片）

頭部中央

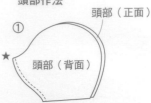

頭部作法
① 頭部（正面）
頭部（背面）
正面相對疊合，
由★記號開始，縫合下部。

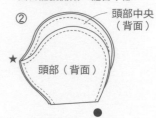

② 頭部中央（背面）
頭部（背面）
正面相對疊合頭部與頭部中央，
縫合★至●記號處。

手（對稱形各2片）
（原寸裁剪）
縫合固定位置
返口

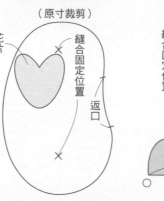

身體（對稱形各1片）
（原寸裁剪）
花片
縫合固定位置
返口

腳（對稱形各2片）
（原寸裁剪）
縫合固定位置
返口

腳底（2片）
（原寸裁剪）

耳朵
（4片）
（原寸裁剪）

① （正面）
0.7
（背面）
返口
正面相對疊合，
預留返口，
縫合周圍。

② 藏針縫
翻向正面，
以藏針縫
縫合返口。

③ 縮口縫
2

手（身體相同）

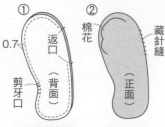

① 0.7
返口
（背面）
剪牙口
正面相對疊合，
預留返口，
縫合周圍。

② 棉花
藏針縫
（正面）
翻向正面，
塞入棉花，
縫合返口。

腳（身體相同）

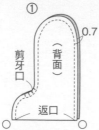

① 0.7
剪牙口
（背面）
返口
正面相對疊合，
預留返口，
縫合周圍。

② （正面）
翻向正面，
腳底進行平針縫，
稍微拉緊縫線。

③ 藏針縫
腳底（正面）
腳底進行
藏針縫

縫製方法
藏針縫
耳朵
身體上部
縫合固定頭部
手
身體
腳

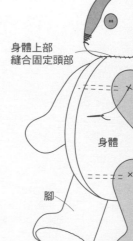

緞面繡
鈕釦
飛行繡
打蝴蝶結
5×15cm紮染布
固定眼睛，刺繡鼻子、嘴巴，
紮染布繞過頸部打一個蝴蝶結

尾巴

棉花
沿著周圍進行平針縫，
中心疊合棉花，
拉緊縫線。

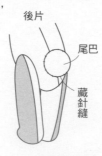

後片
尾巴
藏針縫
以藏針縫縫上尾巴

手（腳）→身體→手（腳），
來回穿縫幾次依序縫合連結。

直線繡
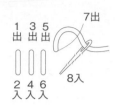
1出 3出 5出　7出
2入 4入 6入　8入

法國結粒繡
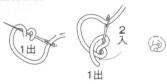
1出　2入
1出

輪廓繡
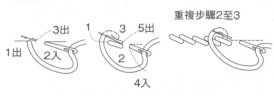
重複步驟2至3
3出　1　3出　5出
1出　2入　2　　4入

平針繡

5出　3出　2入　1出
4入

飛行繡

1出
3出　2入
4入

雛菊繡
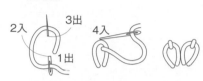
2入　3出　4入
1出

鎖鍊繡

3出　1出　4入
2入　5出
重複步驟2至3

緞面繡
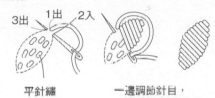
3出　1出　2入
平針繡
一邊調節針目，
一邊重複步驟2至3。

回針繡
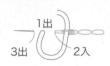
1出
3出　2入

毛邊繡
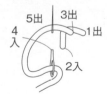
5出　3出
4入　1出
2入
重複步驟2至3。

8字結粒繡

1出
繡線捲繞成
8字形
稍微拉緊這條線，
繡針由1穿出後，
由近旁位置穿入。

捲線繡
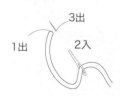
3出
1出　2入
捲繞繡線
（相較於2至3，
捲繞部位更長）
拉緊繡線
3
1
2
2
4入

飛羽繡
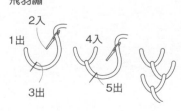
2入
1出　4入
3出　5出

毛邊繡

5出　3出
1出
2入
4入
重複步驟2至3。

PATCHWORK 拼布教室

國家圖書館出版品預行編目(CIP)資料

Patchwork拼布教室29：心花開的手作日好：六角形花樣拼布特集 / BOUTIQUE-SHA授權；林麗秀, 彭小玲譯.
-- 初版. -- 新北市：雅書堂文化事業有限公司, 2023.02
　面；　公分. -- (Patchwork拼布教室；29)
ISBN 978-986-302-661-7(平裝)

1.CST: 拼布藝術　2.CST: 手工藝

426.7　　　　　　　　　　111021510

授　　　　權／BOUTIQUE-SHA
譯　　　　者／彭小玲‧林麗秀
社　　　　長／詹慶和
執 行 編 輯／黃璟安
編　　　　輯／蔡毓玲‧劉蕙寧‧陳姿伶
封 面 設 計／韓欣恬
美 術 編 輯／陳麗娜‧周盈汝
內 頁 編 排／造極彩色印刷
出 版 者／雅書堂文化事業有限公司
發 行 者／雅書堂文化事業有限公司
郵 政 劃 撥 帳 號／18225950
郵 政 劃 撥 戶 名／雅書堂文化事業有限公司
地　　　　址／新北市板橋區板新路206號3樓
電　　　　話／(02)8952-4078
傳　　　　真／(02)8952-4084
網　　　　址／www.elegantbooks.com.tw
電 子 郵 件／elegant.books@msa.hinet.net

原書製作團隊

發 行 人／志村悟
編 輯 長／関口尚美
編　　　輯／神谷夕加里
編 輯 協 力／佐佐木純子‧三城洋子‧谷育子
攝　　　影／藤田律子（本誌）‧山本和正
設　　　計／和田充美（本誌）‧小林郁子‧多田和子
　　　　　　松田祐子‧松本真由美‧山中みゆき
製　　　圖／大島幸‧小池洋子‧為季法子
繪　　　圖／木村倫子‧三林よし子
紙 型 描 圖／共同工芸社‧松尾容巳子

2023年2月初版一刷　定價／420元

總經銷／易可數位行銷股份有限公司
地址／新北市新店區寶橋路235巷6弄3號5樓
電話／（02）8911-0825　傳真／（02）8911-0801